現代複素解析への道標
── レジェンドたちの射程

大沢健夫 著

現代数学社

はじめに

　最近あるパーティーで知合った若い人から「数学者でない人が数学者について書いた本は読む気がしない」という訴えを聞きました．この裏には，数学者が（自分以外の）数学者について書いた本がそう多くないという事情があります．有名な例外は『近世数学史談』（高木貞治）や『大数学者』（小堀 憲）などでしょうが，本書も前著である『岡潔／多変数関数論の建設』（双書・大数学者の数学 12）と同様，そのような例外となることを目指して書かれています．特に『近世数学史談』の「書かれなかった楕円関数論」や『大数学者』の「ヴァイエルシユトラス」の章には大きく影響されています．とはいえ，高木先生のように周密な計算と論証によって生まれかけのガウスの理論を再構成したり，小堀先生のように，根気よく多くの文献に当たって大家の心のひだにまで分け入ったりする芸当は，筆者の能力と気力を超えています．実際，本書の内容は 2015 年 11 月から 2017 年 3 月まで雑誌「現代数学」に連載した記事「複素解析の花壇から」に若干の加筆・修正を加えたものですが，連載を始めるにあたっては，「複素解析の話ならネタ切れになることはないだろう」くらいの気持ちでした．しかし仕上がった結果を見てみると前著の姉妹編のような趣になっており，非力な筆者としてはまあまあの出来ではないかと思っています．前著では岡潔が主役でしたが，今回は複素解析におけるレジェンドたちの群像劇で，研究の動機とアイディアを時系列をたどりながら綴っています．ただし重要な話題でも書けなかったことが多々あります．ガウスについて書けなかったのはラテン語の文献を自由に読めないためで，ピカールの定理やネヴァンリンナ理論については幾分認識不足を自覚しているせいですが，いずれまた機会を見つけて挑戦したいと思っています．複素解析に興味をお持ちの方々にとって，本書がしばしのお慰みになれば幸いです．

2017 年 8 月
著者識

目　次

はじめに i

第1章　無限大の無限性 1

　まず集合論から 1
　指数関数と無限大 2
　数とは何か 4
　集合の大小関係 6
　濃度の和，積およびベキ 8
　A と 2^A の間 12

第2章　解析関数と収束ベキ級数 15

　微積分とベキ級数 15
　複素解析の発祥と展開 16
　ベキ級数の収束と解析関数 19
　ツォルンの定理と李林学 22
　驚くべき必要十分条件 25

第3章　指数関数と補間定理 29

　指数関数と円周率 29
　整関数による補間問題 35
　セイプ・ワルステンの補間定理 38
　弟への便り 41

第4章　ワイアシュトラスの構想 43

　中年の新星 43
　加法定理と楕円関数 44
　楕円関数と共に 47

ii

	ワイアシュトラスの方法	49
	ヤコービの逆問題	53

第5章　リーマンの視点　57
　ベルリンのリーマン　57
　リーマン面　60
　閉リーマン面上のアーベルの定理　65

第6章　積分路の開拓者　71
　真理への近道　73
　積分定理と積分公式　74
　留数定理とその応用　79
　平均値の性質とポアソンの公式　82

第7章　その実体は幾何学　85
　ポアソン核の幾何　85
　自己同相写像の群　87
　Aut D　89
　正則写像の圧縮性　90
　等角写像の方法　93
　グリーン関数　96

第8章　三角形と鏡で作る関数　99
　シュワルツと日本の俊才たち　99
　Aut $\hat{C}$ と円弧三角形　102

第9章　古典的な，あまりに古典的な　111
　地味な古典　111

iii

原論文と今の姿 ———————————————— 114
　　異工同曲？ —————————————————— 117

第 10 章　真の変数を求めて ———————————— 127
　　関数の決定要件とディリクレ問題 ——————————— 127
　　一意化定理 ————————————————— 131
　　普遍被覆面 ————————————————— 135

第 11 章　塔の見える風景 ————————————— 141
　　ポアンカレの発見 ——————————————— 141
　　離散群とポアンカレ級数 ————————————— 145
　　基本領域 —————————————————— 148
　　基本群から見えるリーマン面の塔 —————————— 151

第 12 章　複素世界の本尊たち ———————————— 157
　　三位一体説の先に ——————————————— 157
　　モジュラー群と合同部分群 ————————————— 159
　　モジュラー曲線 ———————————————— 162
　　算術群と剛性定理 ——————————————— 163
　　塔の基底変換 ———————————————— 167

第 13 章　ベルグマン核をめぐって ——————————— 173
　　注目される核の挙動 —————————————— 173
　　ベルグマンの核公式 —————————————— 175
　　変換公式 —————————————————— 180
　　ベルグマン計量 ———————————————— 183

第14章　再生核に映る幾何　189

そこに幾何があるから　189
強擬凸領域上のベルグマン核　192
ヘルマンダーの面影　199
ベルグマン計量の完備性　200

第15章　擬凸性と小平理論　205

アーベルの後裔たち　205
関数の最大定義域と擬凸性　206
擬凸多様体上の小平理論　213

第16章　彼の来処を量る　221

功の多少を計る　221
われにポテンシャルを与えよ　222
注目すべき等式　225
吹田の公式と予想　228
吹田予想の解決　230

第17章　さよならは血しぶきのあとに　237

ヒマラヤの麓から　237
擬凸領域とシュタイン多様体　238
多様体のシュタイン変形族　240
練達の解析学者たち　242
新たな視点　247

索　引　251

第1章

無限大の無限性

■ まず集合論から

　コーシー以来の伝統をもつ複素解析の分野には，膨大な研究結果が蓄積されています．その中から珠玉の名品を選んでご紹介したいと思います．複素解析といえば，入門的なものから研究の最先端まで多数の書物が出版されていますが，中でも高木貞治博士の名著「解析概論」の次の一節は特に有名です．

　　変数を複素数にまで拡張することは，19世紀以後の解析学の特色で，それによって古来専ら取り扱われていたいわゆる初等函数（函数＝関数）の本性が初めて明らかになって，微分積分法に魂が入ったのである．複素数なしでは，初等函数でも統制されない．解析函数とは Weierstrass（ワイアシュトラス）の命名であるが，それは複素変数の函数が，解析学における中心的の位置を占有することを宣言したのであろう．

　微分積分法を学ぶことにより，私たちは三角関数や指数関数などによる自然法則の簡明な記述にふれますが，これらの関数がみたす基本的な公式は，複素変数を用いた表現により

はじめてその本質が明確になります．このような事情で,「関数論」といえば複素変数の関数の理論をさすことになっています．関数論をはじめて学んだ時の感想を，素粒子論で有名な湯川秀樹博士はつぎのように述べています．

　　聴いてよくわかったのは関数論ですね．集合論からはじまりまして，関数論はわりあいによくわかった．それは多少役に立っているんでしょうね．

　集合論の話からはじまるのは複素解析の話に限ったわけではなく，代数学でも幾何学でも「すべての数学的対象は集合である」という立場で語るのが普通です．20世紀前半を代表する数学者であるヒルベルトは,「カントールの楽園から我々を追放するようなことは誰にもできない」と言いました．（カントールは集合論の創始者です．）そこで私たちも，複素解析の個々の定理の紹介に先立って，まず集合論の話から始めましょう．

■ 指数関数と無限大

　江戸時代に書かれた「塵劫記」という本の中に，

　　ケシ粒を日に日に倍にすると120日で何粒になるか

という問題が出されています．その答は

　　　6646 溝（こう）1399 穣（じょう）7892 秭（じょ）4579
　　　垓（がい）3645 京 1903 兆 5301 億 4017 万 2288 粒

となり，これを収納できる立方体は，一辺が約60万キロの大きさになるそうです．（伊達宗行著『「数」の日本史』より．）

この話のポイントは，30とか120とかいう数に比べて2の30乗や120乗という数の大きさがかけ離れていることにあります．現在のところ，スーパーコンピュータの演算処理能力は毎秒2の20乗回程度ですが，競い合って開発されている量子コンピュータや新型チップによるコンピュータにより，2の30乗がありふれた数の仲間入りをする日もそんなに遠くないかもしれません．

要するに，$n \to \infty$ のとき2の n 乗は n よりもずっと速く無限大に発散するということですが，ドイツの数学者 G. カントール (1845-1918) は無限大も数の一種であるという考え (1885年) を基礎に，無限大にはいくつもの種類がありそれらの大小を比較できること，X を一つの無限大とすると2の X 乗は X より真に大きい無限大であることなどを証明して集合論を創始しました．19世紀から20世紀にかけて，この集合論の基礎づけのため，数学者たちは喧々諤々の議論を行いました．カントールの理論は，「数とは何か」という根本問題についての新しい観点を含んでいたため，「数学に無用の混乱を持ち込むな！」と言って強く批判した数学者もいましたが，K. ワイアシュトラス (1815-1897) をはじめとする解析学の大家たちに支持されながら次第に有用な結果が得られ出し，重要性を増して行きました．とくに H. ルベーグ (1875-1941) は集合論の基礎の上に，線分や図形の「長さ」や「面積」の概念をおしひろめて「測度」の概念を導入し，現代の解析学の基礎を築きました．測度とは集合の大きさを測る尺度で，ルベーグの理論では，測度が零の集合を除いて一致する二つの関数は区別されません．このルベーグの測度論をふまえて複素解析の一つの重要なトピックが成立していますが，千里の道も

一歩からということで，以下ではまず，1, 2, 3, ... という数の仲間としての無限大（たち）をめぐる基礎的な理論に触れてみましょう．

数とは何か

　数の概念を拡げて無限大を導入しようと思えば，そもそも数とは何かということを考え直してみる必要があります．たとえば「1とは何か」ですが，議論が発散してしまわないように控えめに問題を設定し，私たちが直接感覚できるものや，そうでなくても思考によって確かな存在と認識できるもののうちで，「何を1と呼ぶのが適当か」を考えてみるのです．このような根本的な問題について考えを巡らせた人々はカントール以前にもいました．たとえば哲学者プロチノス (205-270) の著作「善なるもの一なるもの」においては，「数はつねに多であり，厳密な意味では1は除外されなければならない．」という立場がとられています．しかしここでは「無限大の導入」という目的のため，早速カントールの答を紹介することにしましょう．カントールは1895年に出版された本の中で，「直接的な感覚または思考の対象であって，明確に特定でき，互いの区別がはっきりしているものたちを，集めて一まとまりにしたものはどれでも」と言って，直観ではとらえ難い**集合**というものを数学の世界に持ち込みました．集合の考えは，いくつかの対象（たとえば数や図形）の集まりを一つの独立した対象と見なすことですが，その大きな利点は，逆に数や

図形を集合の言葉で記述できることです．たとえば 0 は何も要素を含まない**空**（くう）**集合**と考え，1 は 0 のみを含む集合，2 は 0 と 1 のみを含む集合，... という調子です．図形も点の集合として扱うことができます．

空集合を $\emptyset$ で表します．集合 a があるとき，a（のみ）を要素とする集合を $\{a\}$ で表します．これは要素の個数が 1 の集合です．a とは異なる b があるとき，a と b からなる集合を $\{a,b\}$ で表します．これは要素の個数が 2 になります．$\{a,b\}$ は $\{b,a\}$ と同じ集合と考えます．また，$\{a,a\}$ は $\{a\}$ であると考えます．以下同様です．一般に，a が集合 A の要素であることを $a \in A$ で表します．逆に a が A の要素でないときは $a \notin A$ と書きます．a と A が何であっても $a \in A$ または $a \notin A$ のどちらか一方のみが成立します．有限個の要素からなる集合を**有限集合**といい，そうでないものを**無限集合**といいます．上のように定義した 0, 1, 2, ... はすべて有限集合ですが，0 とすべての自然数からなる集合 $\{0, 1, 2, ...\}$ は無限集合です．$\{0, 1, 2, ...\}$ をギリシャ文字の ω（オメガ）を用いて ω_0 で表すことにしましょう*．ω は α（アルファ）β（ベータ）で始まるギリシャ語のアルファベットの最後の文字で，「終わり」という意味合いがありますが，それに 0 をつけたもので「最初の無限大」を表そうというわけです．ω_0 はいわば「終わりの始まり」です．実際，ω_0 は最も小さい無限大です．その意味をこれからはっきりさせていきましょう．

---

* $\mathbf{N}, \mathbf{Z}$ でそれぞれ $\{1, 2, \cdots\}$, $\{0, \pm 1, \pm 2, \cdots\}$ を表すことは通常どおりです．

集合の大小関係

　一つの集合 A から要素をいくつか取り除いてできる集合のことを，A の部分集合といいます．A 自身も A の**部分集合**と考えます．A 自身ではない部分集合を**真部分集合**と呼びます．このように「含む，含まれる」によって二つの集合の大小関係が云々できる場合があり，0 は 1 より真に小さく，1 は 2 より小さく，そしてどんな自然数も ω_0 より小さくなっています．そしてこの意味では集合 $\{1, 2, 3, \ldots\}$ は ω_0 より真に小さい集合になるのですが，この大小関係はあまりにも素朴で，これでは面白い話はできません．実際，数直線上で $\{1, 2, 3, \ldots\}$ を左に 1 だけずらせば ω_0 にぴったり重なってしまうので，これらを大きさの上で区別する意味はないといえます．つまり，集合の大きさというものは $\{1, 2, 3, \ldots\}$ と ω_0 が同じになるように定義するのが自然です．そのために，二つの集合 A, B が「対等である」ということを次のように定めます．

定義 1　A の要素一つ一つに B の要素を一つずつ，もれなく重複なしに対応づけることができるとき，A と B は（互いに）対等であるという．

　ただし，「もれなく」というのは B のどの要素にも A の要素のどれかがあてがわれることを言い，「重複なしに」というのは二つ以上あてがわれるものがないことを言います．
　A と B が対等であることを $\#A = \#B$ で表します．A が B のある部分集合と対等であれば，「A は B 以下である」と

いうことにし，$\#A \leqq \#B$ と書きます．さらに，$\#A \leqq \#B$ だが $\#A = \#B$ ではないことを $\#A < \#B$ で表します．$\#A = \#B$ を $A = B$ と書くのはもちろん不適当ですが，$\#A < \#B$ を $A < B$ と書いてもさほど混乱は生じないでしょう．$\#A$ を（そのまま読めば「シャープエー」ですが），A の要素の個数の一般化と思って A の**濃度**（のうど）とも読むことにしましょう．有限集合に対し，濃度は要素の個数と同一視します．たとえば $\#\varnothing = 0$, $\#\{\varnothing\} = 1$，等々．集合の大小関係をこのように定義したとき

$$\#A \leqq \#B \text{ かつ } \#B \leqq \#C \text{ ならば } \#A \leqq \#C$$

が成立することは，定義から明らかでしょう．ところが

$$A < B \text{ かつ } B < C \text{ ならば } A < C$$

は，いかにも正しそうですがそんなに明らかではありません．（定義から明らかでないことは，少し考えてごらんになれば納得できるでしょう．）実際これは正しいのですが，その証明には次の定理を用いる必要があります．

ベルンシュタインの定理 $\#A \leqq \#B$ かつ $\#B \leqq \#A$ ならば $\#A = \#B$.

F. ベルンシュタイン（1878-1956）がこの定理を証明したのは1897年のことで，そのとき彼はカントールの学生でした．

このように，集合については対等関係をふまえた大小関係の理論というものがあるわけですが，どんな無限集合にも ω_0 と対等な無限集合が含まれることが簡単に示せます．（ぜひ証明を考えてみてください．）これが ω_0 の最小性の意味です．ω_0 と対等な集合を総称して**可算集合**（または可付番集合）と

7

いいます．そうでない無限集合を**非可算集合**といいます．自然数全体の集合，整数全体の集合，有理数全体の集合はいずれも可算集合ですが，実数全体の集合は非可算です（その理由は後で）．

濃度の和，積およびベキ

　数の加法を集合の言葉で言い直すことにより，二つの集合 A, B に対して「濃度の和」$\#A + \#B$ というものに意味を持たせることができます．これは簡単なことで，A の要素と B の要素をすべて，A の要素か B の要素かを区別しながら寄せ集めた集合を C とし，C の濃度として $\#A + \#B$ を定義すればよいのです．C を A と B の**非交和**といいます．$A = B$ の場合にも，一方を他方の分身と考えて区別した上で非交和を作ります．こうすると，A, B が有限集合の場合には濃度の和は要素の個数の和になりますが，無限集合の濃度の和については，たとえば $\#\omega_0 + \#\omega_0 = \#\omega_0$ という等式が成立します．$\#\varnothing + \#\varnothing = \#\varnothing$（これも正しい）とは似て非なる式です．

　濃度の積も似たようなものです．つまり $\#A \times \#B$ を定義するには，まず A の要素と B の要素を組にしたものからなる集合 $A \times B$ を考えます．$A \times B$ を A と B の**直積**といい，その要素を (a, b)（$a \in A$ かつ $b \in B$）で表します．$A \times B$ の濃度が $\#A \times \#B$ です．こうすると $\#\omega_0 \times \#\omega_0 = \#\omega_0$ となりま

す．つまり $(\#\omega_0)^2 = \#\omega_0$ です．カントールは「2 の ω_0 乗」にも意味を与え，これが ω_0 より真に大きいことを示しました．同様に 2 の「2 の ω_0 乗」乗が 2 の ω_0 乗より真に大きい等々，無限に増加する無限大の系列が作れます．このことを明確に述べ，証明してみましょう．

まず 2 の A 乗の定義ですが，言い方は同じですのでいっそのこと一般に B の A 乗の定義を述べましょう．一口に言うなら，B の A 乗とは A から B への写像すべてから成る集合です．写像とは「関数」のことですが，正確には以下の通りです．

定義 2 $A \times B$ の部分集合 G について，A のどの要素 a に対しても $\{a\} \times B$ と G がただ一つの要素を共有するとき，G は A から B への**写像**であるという．

G に対し，A の要素 a に $(a,b) \in G$ となる b を対応させて通常の意味の写像を作ることができます．このような対応としての写像を，記号と矢印を使って $f : A \to B$ で表し，a に b が対応することを $f(a) = b$ と書きます．G は f のグラフと呼ぶべきものですが，ここでは G 自身を単に写像と呼びました．写像とそのグラフを同一視しているのです．

定義 3 A から B への写像全体の集合を B の A 乗という．

B の A 乗を B^A と書きます．たとえば 2^A の要素は A を定義域とし $\{0,1\}$ を値域とする写像であるということになります．$f \in 2^A$ のとき，$f(a) = 1$ をみたす a を集めると A の一つの部分集合ができます．逆に A の部分集合を勝手に与え

ると，その要素に 1，他の要素には 0 を割り振ることにより，2^A の要素が一つ決まります．この意味で，2^A は A の部分集合全体のなす集合と自然に同一視できます．2^A は A の**ベキ集合**と呼ばれます．

A が有限集合の場合，$\#(2^A)=2^{\#A}$ であることは明らかでしょう．とくに $2^\emptyset$ は空集合のみを要素として持つ集合になり，従って 1 に等しくなります．これは $2^0=1$ という常識と一致します．0^0 もこの立場では 1 になります．こちらは常識ではないかもしれませんが，とにかくベキ集合の定義に従えばこうなります．

定理1　$A<2^A$.

証明　$a\in A$ ならば $\{a\}\in 2^A$ なので $A\leq 2^A$ であることは明白．したがって $\#A\neq \#2^A$ を示せば証明が完了する．そのために，仮に A と 2^A が対等であったとする．つまり A の要素をもれなく重複なしに 2^A の要素に対応づける写像 $\alpha:A\longrightarrow 2^A$ があったとしてみる．すると，A の要素は $a\in\alpha(a)$ か $a\notin\alpha(a)$ かによって二種類に分類される．したがって，$a\notin\alpha(a)$ をみたす a から成る A の部分集合がある．それを B とおく．$B\in 2^A$ であり，2^A のどの要素にも α によってそれに対応づけられる A の要素があるわけだから，特に $\alpha(b)=B$ となる b がなければならない．このとき，もし $b\in B$ だとすると B の定義より $b\notin\alpha(b)$ である．ところが $\alpha(b)=B$ だったので $b\notin\alpha(b)$ は $b\notin B$ を意味することとなり，$b\in B$ だったことに反する．したがって $b\in B$ ではあり得ないので $b\notin B$ となるはずだが，b が B の要素でないということになれば，B の

定義より b は条件 $b \in a(b)$ をみたさねばならず，したがって今度は $a(b) = B$ から $b \in B$ が出るので $b \notin B$ に反し，不合理．このように，A と 2^A が対等であるとすると不合理なので，A と 2^A は対等ではありえない． □（証明終わり）

定理 1 はどんな集合についても成り立つ一般的な命題ですが，特に $A = \omega_0$ の場合を考えると次のことがわかります．

定理 1 の系　実数全体の集合は非可算である．

実際，実数の小数部分を 2 進法展開してできる数列は 2^{ω_0} の要素と思えるからです．カントールは 1891 年に，0 と 1 の間にあるすべての実数の集合が非可算であることを示しました．同じことを 1873 年に示していたのですが，その方法が込み入っていたので短くまとめたようです．「カントールの対角線論法」の名で知られるその議論をご紹介しましょう．

　カントールの証明　0 以上で 1 未満の実数から成る集合が可算であると仮定すると，その要素全体に番号をつけて $x_1, x_2, x_3, \cdots, x_n, \cdots$ と表すことができる．これらを小数で表し，

$$x_1 = 0.a_1 a_2 a_3 \cdots$$
$$x_2 = 0.b_1 b_2 b_3 \cdots$$
$$x_3 = 0.c_1 c_2 c_3 \cdots$$
$$\cdots\cdots\cdots$$

とする．ただし $a_n, b_n, c_n, \cdots$ は $0, 1, 2, \cdots, 9$ の 10 個の文字のどれかであり，9 が無限に連続する形の小数表記は上の表には入れないものとする．

11

いま，これらの $a_1, b_2, c_3, \cdots$ に対し，$a' \neq a_1$, $a' \neq 9$, $b' \neq b_2$, $b' \neq 9$, $c' \neq c_3$, $c' \neq 9$, $\cdots$ となるように $a', b', c', \cdots$ を選んで
$$x' = 0.a'b'c'\cdots$$
を作ると，x' は明らかに $x_1, x_2, x_3, \cdots$ とは異なる．しかし，これは $x_1, x_2, x_3, \cdots$ で 0 と 1 の間の実数がつくされていたという仮定に反する．ゆえに 0 と 1 の間の実数の集合は非可算でなければならない． □

これを真似て定理 1 のもっと直接的な証明ができますので，ご検討を．

A と 2^A の間

カントールが次に取り組んだのは，$\omega_0 < B < 2^{\omega_0}$ をみたす B があるかという問題でした．これは大難問で，カントールはこのような B が存在しないこと（「連続体仮説」といいます）を証明しようとしたようですが果たせずに終わりました．そのため，カントールの後継者たちは「証明とは何か」というところにまで戻って考察を重ねました．もちろん，「どんな文章を証明と呼ぶべきか」ということを考えたわけです．1940 年，K. ゲーデル（1906-78）は，E. ツェルメロ（1871-1953）と A. フランケル（1891-1965）が設定したいわゆる「公理的集合論」の枠組みでは，連続体仮説が偽であることは証明できないことを示しました．つまり，「集合論の公理系が自己矛盾しなければ，それに連続体仮説を付け加えたものも矛盾を

含まない」ということがわかったわけです．ところがこれで連続体仮説の証明に近づいたかと思いきや，1963 年に P. コーエン（1934-2007）は，その枠組みでは連続体仮説が真であることも証明不可能だということを証明してしまいました．それではいったい真理はどこにあるのでしょうか．数学者たちの中には，「連続体仮説など，真偽を問題にするに足りないつまらない問題だったということだ」と開き直る人もいました．しかし逆に研究意欲をかき立てられた人々もいたようです．たとえばゲーデルは，「巨大な集合」の存在を付け加えた公理系の中でこの問題を考察することを提唱しました．また現在の研究の最前線では，「上のような B の濃度はすべて互いに等しい」という論理体系が提案されているようです．筆者の近くでは，「Bousfield クラス全体は高々 $2^{2^{\aleph_0}}$ の濃度をもつ集合である」という定理で知られる大川哲介氏（1951-2014，元広島工業大学准教授）は，「そのような B は腐るほどある」という立場でした．おそらく「無限大」には想像を絶する多様性があり，この世に数学者たちがいる限り，彼らをいつまでも新たな知性の限界へと誘い続けてやまないのでしょう．

　さて，次章以降は複素解析の話になります．何しろ話題が多い分野ですので教科書風に順序立てて述べることは諦めざるをえませんが，せめて最初のうちはベキ級数の基本的な性質に関わる話など，あまり予備知識を必要としないものを中心にご紹介したいと思います．

第2章

解析関数と収束ベキ級数

■ 微積分とベキ級数

　いきなり私事で恐縮ですが，筆者は定年退職するまでの数年間，農学部の一年生に微積分を教えていました．どこでもそうでしょうが，この授業の前期の最重要課題はテイラーの公式

$$f(x) = f(a) + f'(a)(x-a) + \cdots\cdots + f^{(n)}(c)(x-a)^n/n!$$

(ただし，$f(x)$ は a と x を含むある区間で n 回微分可能で，$c = \theta a + (1-\theta)x$, $0 < \theta < 1$.) です．テイラーの公式は近似式としての応用が重要なので，$\dfrac{f^{(n)}(c)(x-a)^n}{n!}$ (剰余項) の扱いについても時間をかけて説明したのですが，残念ながらこの話の定着率はあまり良くないようです．というのも，どうやら指数関数と三角関数のマクローリン展開のあたりで n を無限大に飛ばしてしまった途端，この剰余項の印象が薄れてしまうようで，そのためか，$\sin\dfrac{11}{7}$ の近似値を計算する問題を試験に出すと少々良くない結果が出ました．反面，マクローリン展開によって導くオイラーの公式

$$e^{ix} = \cos x + i\sin x$$

の方は評判が良いらしく，これがきっかけで複素関数論に興味

を持ち，二年次に工学部向けの授業を受けたという学生もいました．

このように複素数と無限級数は相性がよく，その結果,「解析概論」(高木貞治)の名文句

　　複素数の世界では微分可能も積分可能も同意語である．

で謳われる「玲瓏なる境地」にも達します．そこで以下では複素解析の主テーマについて短く触れた後，上記のテイラーの公式の右辺で $n\to\infty$ とした無限級数であるベキ級数をめぐる話題をご紹介したいと思います．

■複素解析の発祥と展開

よく知られているように，複素数は3次方程式の解の公式の発見にともなって，実数と虚数単位 i ($i^2=-1$) を含み四則演算を備えた数の体系として16世紀に導入されました．その時は一つの公式の適用範囲を拡げるために，いわば数の集合を仮想的にかさ上げしたわけですが，18世紀の後半になると**複素平面**が導入され，複素数の演算の幾何学的な意味がはっきりしました．複素平面はデカルトの直交座標 (x, y) が入った平面を複素座標 $z=x+iy$ によって複素数全体と同一視したもので，たとえば複素数の i 倍は $z=0$ を中心として平面を反時計回りに90度回転する操作と同一視できます．代数的な公理系に幾何学的なモデルを提供したという意味で，複素平面の導入は集合論の先駆けともみなせます．

複素平面を **C** で表します．**C** の部分集合 D は, D に含ま

れる任意の点が D に含まれる（十分小さな）円板の中心であるとき（**C** 内の）**開集合**といいます．開集合 D 内の任意の二点が D 内を通る折れ線で結べるとき，D は**領域**であるといいます．$n = 0, 1, 2, \cdots$ に対し，$\mathbf{C}^n$ を n 次元複素数空間といいます（$\mathbf{C}^n = \{(z_1, z_2, \cdots, z_n) ; z_j \in \mathbf{C}\}$）．$\mathbf{C}^n$ に対しても，開集合と領域の概念は自然に拡張されます．このとき円板に対応するものは円板の直積（**多重円板**）または球体です．開集合と領域の区別は多くの場合あまり本質的ではありませんが，習慣上多くの命題が領域上の関数について述べられます．

$\mathbf{C}^n$ の開集合 D 上の関数 $f : D \to \mathbf{C}$ が**解析関数**であるとは，複素変数 $z = (z_1, z_2, \cdots, z_n)$ が D 内を動くとき D の各点 c のまわりで $f(z)$ が z に関してテーラー展開できることをいいます．詳しくは，$f(z)$ が c を中心とした z のベキ級数に展開できること，すなわち

$$f(z) = \sum a_K (z-c)^K$$
$$(a_K \in \mathbf{C},\ (z-c)^K = (z_1-c_1)^{k_1}(z_2-c_2)^{k_2}\cdots(z_n-c_n)^{k_n},$$
$$K = (k_1, k_2, \cdots, k_n) \in (\mathbf{N} \cup \{0\})^n,\ \mathbf{N}\text{ は自然数全体の集合})$$

が，c を中心とするある多重円板上で成立することをいいます．ただし，等式 $f(z) = \sum a_K(z-c)^K$ は，$(\mathbf{N} \cup \{0\})^n$ から $\mathbf{N}$ への一対一対応を用いて作った右辺の有限部分和のなす数列が極限値を持ち，$f(z)$ に等しいことを意味します．テーラーやマクローリンの発見は，a_K が f によって一通りに決まることだったわけです．

複素変数のベキ級数に関しては次が基本です．

> c を中心とする多重円板 Δ 上の解析関数 f は Δ 上で収束するあるベキ級数 $\sum a_K(z-c)^K$ の和に等しい．

　複素解析とは第一義的には複素関数論，すなわち「**複素領域**上の，**複素変数**による，**複素数値**の**解析関数**の理論」です．複素関数の積分論や指数関数や三角関数の自然な延長上にある新しい関数（楕円関数や楕円モジュラー関数）の発見をきっかけにして，19世紀には複素一変数の解析関数の理論が詳しく研究されました．種々の関数がみたす新しい等式がヤコービらによって整数論等に応用される一方，ワイアシュトラスらによって一般的な理論の基礎が固められました．20世紀に入ってからは多変数の解析関数論が発展し，その基礎づけに用いられた**多様体**，**ファイバー束**，および**層係数コホモロジー**の概念は，現代数学の展開に大きな影響を与えました．その結果，複素解析の理論はきわめて多岐にわたるようになったのですが，今日においてもやはり解析関数を中心に興味深い研究が展開しつつあるように思われます．たとえば，複素多様体の研究で20世紀後半の複素解析をリードした小平邦彦（1915-1997）は，1954年にフィールズ賞を受賞した後の研究を次のように振り返っています．

> 　この頃から私は楕円曲面の研究を始めた．複素多様体の一般論を応用して楕円曲面の構造を詳しく調べていくのは実に楽しかった．古典的な楕円関数論が不思議なほどうまく使えて，研究は何の困難もなく着々と進行した．．．．（中略）．．．私の楕円曲面論は実は私が考え出したのではなく，数学という木の中に埋まっていた楕円曲面論を私が紙と鉛筆の力で掘り出したにすぎない，というのが私の実感であった．

また，1992年に「ムーンシャイン予想」を解いたR.E. Borcherds（ボーチャーズ）は，楕円モジュラー関数の展開の係数と特異な有限単純群である「モンスター群」の位数の不思議な関係を解明したのでした．そこでこれからの話も私たちも楕円関数や楕円モジュラー関数の古典的な理論をいつも念頭に置きつつ進めていきたいと思います．本章はベキ級数をめぐる話ですが，最後の方でこの古典論とからむ話題が出て来ます．

ベキ級数の収束と解析関数

一変数のベキ級数 $\sum a_k(z-c)^k$ の**収束半径**とは，$\sum |a_k|r^k < \infty$ をみたす r の上限 $r^* \in [0, \infty]$ をいい，領域 $\{z ; |z-c| < r^*\}$ を**収束円**と呼びます．収束円が空でないベキ級数を**収束ベキ級数**といいます．r^* に関しては，コーシー・アダマールの公式

$$\frac{1}{r^*} = \limsup_{k \to \infty} \sqrt[k]{|a_k|} \quad (\limsup_{k \to \infty} = \lim_{m \to \infty} \sup_{k \geq m})$$

が基本です．とくに，この右辺が有限であることが収束性の一つの必要十分条件になります．n 変数のベキ級数 $\sum a_K(z-c)^K$ の場合には，$\sum |a_K|r^K < \infty$ をみたす $r = (r_1, r_2, \cdots, r_n)(r_j > 0)$ の存在が収束性の定義になりますが，これをコーシー・アダマール式に述べるなら

$$\lim_{m \to \infty} \sup_{m \leq k} \sup_{k = |K|} \sqrt[k]{|a_k|} < \infty \quad |K| = k_1 + k_2 + \cdots + k_n$$

となります．

ベキ級数の基本事項として挙げるべきことは多く，代数学で

は「**完備正則局所環**」の理論としてまとめられますが，そういう全体的なことはともかく，ここでは後の話の都合上，ベキ級数の収束性が合成によって保たれることを一つの例に則して見ておきましょう．

収束ベキ級数 $P = \sum a_{jk} z^j w^k$ に収束ベキ級数 $z = \sum_{m=1}^{\infty} b_m t^m$ と $w = \sum_{m=1}^{\infty} c_m t^m$ を代入して t に関して昇ベキの順に整理すると，収束ベキ級数になることを示しましょう．出てくる式をそのまま書くと（無限級数だからというのだけでなく）恐ろしく長いのですが，収束性を見るには次の議論で十分です．

1. 仮定より，$|a_{jk}| < R^{j+k}$, $|b_m| < R^m$, $|c_m| < R^m$ ($m = 1, 2, \cdots$) をみたす定数 $R > 1$ が存在する．

2. $|z|, |w| \leq \dfrac{R|t|}{1-R|t|}$ ($|t|$ は十分小) のとき

   $|P| \leq \sum R^{j+k} |z|^j |w|^k$ なので，ある定数 $r > 0$ に対し $\sum (m+1) R^m \left(\dfrac{Rr}{1-Rr} \right)^m < \infty$ となれば十分だが，

   $r = \dfrac{1}{2R^2}$ のとき

   $$\sum (m+1) R^m \left(\frac{Rr}{1-Rr} \right)^m$$
   $$= \sum (m+1) R^m (2R)^{-m} \left(1 - \frac{1}{2R} \right)^{-m}$$
   $$= \sum (m+1) \left(2 - \frac{1}{R} \right)^{-m}$$

   となり，$2 - \dfrac{1}{R} > 1$ なのでよい．

さて，ワイアシュトラスは $\sum a_k(z-c)^k$ の形の収束ベキ級数を $z=c$ を中心とする**関数要素**と呼び，関数要素を要素とする集合 f が次の条件をみたすとき，f を**解析関数**と呼びました．

f の任意の二つの要素 P, Q に対し，f に属する関数要素の有限列 $P_1 = P, P_2, \cdots, P_m = Q$ が存在し，P_j と P_{j+1} の収束円は交わりを持ち，その中の点で P_j と P_{j+1} は同じ値に収束する．

つまり関数要素を次々と接続して得られるものが解析関数です．これがいわゆる解析接続で，こうすると，解析関数の定義域は収束円を適当に貼付けて得られる集合なので，一般には複素平面を何重にも覆う面とみなせます．たとえば $\log z (= \log r + i\theta,\ z = re^{i\theta})$ のような多価関数も，この意味では立派な解析関数です．一般に，隣り合った円板を次々に貼付けて得られる（ひと続きの）面を **C 上の領域**と言います．そのような「C(の上空)上の点」から成る集合上の複素数値関数 F について，F がその点集合を構成する各円板上で収束ベキ級数に等しければ，それらのベキ級数の集合と F は自然に同一視できます．したがって，素朴な意味では多価な解析関数も，然るべき C 上の領域上では一価になるわけです．集合論が生まれる下地はこのようなところにも見られます．

さて，ここで自然に一つの問題が発生します．それは

> C 上の領域を任意にとったとき，それは一つの解析関数から（上のような収束円の貼り合わせによって）生じるか？

という問題です．しかしワイアシュトラスはこれを論じていません．実際のところ，ワイアシュトラスはこのようなことは自明であると考えていた可能性が高いのです．そのことを A. フ

ルウィッツ (Hurwitz) がワイアシュトラスの死後，第一回国際数学者会議の講演で（間接的に）指摘していますが，それはさておき，この問題の答が肯定的であることは，1949年に発表されたベンケとシュタインの共著論文

> Behnke, H.and Stein, K., Entwicklung analytischer Funktionen auf Riemannschen Flächen. Math. Ann. 120 (1949), 430-461

によってようやく明らかにされたのでした．また，C^n 上の領域に対する同種の問題をベンケたちは難攻不落とみなしていたのですが，それを完全に解決した論文は岡潔 (1901-78) によって最初は1943年に日本語で書かれ，1953年にフランス語で発表されました．（その詳しい事情は，野口潤次郎著　多変数解析関数論　学部生へおくる岡の連接定理　朝倉書店　2013にあります．）

ツォルンの定理と李林学

さて，話題をもっと簡単な，しかしやはりワイアシュトラスの視界にはなかった問題に転じましょう．それは2変数のベキ級数の収束条件についてで，新たにボホナー (Salomon Bochner, 1899-1982) によって提出されました．1947年，ツォルン (Max A.Zorn, 1906-93) はこれを解き，論文

> Note on power series. Bull. AMS 53(1947), 791-792

で次を示しました．

> **定理 1** 2 変数のベキ級数 $\sum a_{jk}z^j w^k$ は，すべての $\alpha, \beta \in \mathbf{C}^2$ に対しこれに $z = \alpha t, w = \beta t$ を代入したとき t に関する収束ベキ級数になるなら，収束ベキ級数である．

証明の要点は，$\sum a_{jk}z^j w^k$ が収束するような (z, w) の集合が(条件より)空でない開集合を含むことで，ここの議論がカントールの対角線論法を敷衍した形になっています．また，その議論を n 変数に拡張するのは容易です．ツォルンは順序集合はすべての全順序部分集合が上界をもてば極大元をもつという**ツォルンの補題**[*]で有名ですが，このように集合論で複素解析を掘り下げたような仕事もしています．

さて，定理 1 は 2 変数のベキ級数が収束するための一つの十分条件を述べていますが，ツォルンは同じ論文でこの条件をもっと弱い条件で置き換えることを提案しました．うまくいけば，この先に一つの必要十分条件があるだろうというわけです．ツォルンのこの問いかけに対する最初の解答は，第二次世界大戦後の混乱期とはいえ実に意外な場所からもたらされました．それは韓国のソウルからでした．ソウル大学の李林学(Ree Rimhak, 1922-2005)は次の定理を証明し，ツォルンに手紙で知らせたのです．

> **定理 2** ベキ級数 $\sum a_{jk}z^j w^k$ は，すべての $(\alpha, \beta) \in \mathbf{R}^2$ に対してこれに $z = \alpha t, w = \beta t$ を代入したとき収束ベキ級数になるなら，収束ベキ級数である．

---

[*] (A remark on method in transfinite algebra. Bull. AMS 41 (1935), 667-670)

ここからは韓国で有名な話らしいのですが，筆者がソウル大学で開かれた研究集会の折りに耳にしたところでは，李氏は当時韓国に駐留していた米軍が出したゴミの中からツォルンの論文を見つけて読んだのだそうです．この論文はアメリカ数学会の紀要に載っていて，アメリカ数学会の会員は全員これを定期購読しています．おそらく米軍関係者の中に数学者がいたのでしょう**．

　ちなみに，李氏は現在の北朝鮮の生まれで，1944 年に京城帝国大学で物理学を修めて卒業後，日本の統治下の中国（満州）で航空機関連の会社に勤め，戦後はソウルに戻って数学を教えていたのでした．李が手紙でツォルンに知らせた定理 2 とその証明は，ツォルンの尽力により "On a problem of Max A. Zorn" と題する一頁半の研究論文として 1949 年発行のアメリカ数学会紀要に掲載されました．これが韓国人による数学の論文ではじめて国際的に認められたものなのだそうです．論文発表の 2 年後，不幸にも朝鮮戦争が勃発したため李氏はソウルを離れ，釜山での避難生活の後カナダのバンクーバーに移住し，そこで学位を取得してカナダで研究生活を送り，有限群論で顕著な成果を挙げました．数学辞典第 4 版（岩波書店）には，リー (Lie) 型の群の系列の最後に Ree 群，鈴木群（鈴木＝鈴木通夫）の名があります．

　さて，あるフランスの数学者がツォルンと李の論文を読んで，"On a problem of M. A. Zorn" という紛らわしい題の論文を書きました．タイトルは李の論文の "Max" が "M." に変わっただけですが，長さは 7 頁半に増えています．一体何が起こったのでしょうか．

**　後日詳しい事情を確かめたところ，この雑誌はソウルの大きな市場にあるレストランのテーブルに置き忘れられたものだったそうです．

驚くべき必要十分条件

1951 年,リール大学のルロン (Pierre Lelong, 1912 - 2011) は論文

On a problem of M. A. Zorn. Proc. Amer. Math. Soc. 2 (1951), 11-19

で,$\sum a_{jk}z^j w^k$ が収束ベキ級数であることを決定づけるにはこれに $z=\alpha t, w=\beta t$ をどれだけ多くの (α, β) に対して代入する必要があるかを論じ,ツォルンの問題に対して定理2を系として含む完全な解答を与えました.マセマティカル・レヴュー誌に出たボホナーの解説に沿ってその内容の一端をご紹介しましょう.

M. A. ツォルン氏は筆者によって提出された次の問題を肯定的に解決した:

ベキ級数 $P(x_1,\cdots,x_n)=\sum a_{k_1\cdots k_n} x_1^{k_1}\cdots x_n^{k_n}$ について,任意の定数 $a_1,\cdots,a_n$ の組に対し一変数のベキ級数 $P(a_1 t,\cdots,a_n t)$ が収束ベキ級数であれば $P(x_1,\cdots,x_n)$ もそうである.

彼はこれを複素定数系 $a_1,\cdots,a_n$ に対して解き,李林学氏は条件を実の定数系だけに限っても結論が正しいことを示した.さて,$k=2$ の場合,条件は比 $\beta=\dfrac{a_2}{a_1}$ のみに関わっているのだが,この論文の著者が問題とするのは,複素 β - 平面内の点集合 $E(\beta)$ で以下の性質をもつものの決定である.

$P(x, \beta x)$ がすべての $\beta \in E(\beta)$ に対して収束ベキ級数ならば級数 $P(x, y)$ もそうである．

彼が見つけた驚くべき解答は必要十分条件であり，それは $E(\beta)$ の対数容量[***]が0でないということである．証明には(筆者がかつてハルトークス関数と名付けた)劣調和関数の理論が数カ所で用いられる．

ボホナーは現在のポーランド(当時はオーストリア・ハンガリー帝国)生まれのユダヤ人でベルリンで学位を取り，ヒットラーの台頭後，米国のプリンストン大学に長く勤めた高名な数学者です．多くの分野で第一級の業績がありますが，「厳密癖」とでも言えそうなところがあり，集合論の授業のとき，「ツォルンの補題は私が教えてやった」と言ったそうです．

ルロンは多変数複素解析の分野では岡潔と並んで**多重劣調和関数**の生みの親として有名です．ちなみに岡潔は1942年の論文でこれを**擬凸関数**(fonction pseudoconvexe)と名付けています．

実のところ，ソウル大学の研究集会ではこの多重劣調和関数が主要なテーマで，ルロンの仕事に関連して李林学氏のことも話題になったのでした．多重劣調和関数の理論は，ボホナーやベルグマン(Stefan Bergman, 1895 - 1977)が導入した**再生核**とからんで，ここ数年の間に驚くべき進展がありました．そのような話題に到達することも一つの目標にしながら次章以降の話を進めて行ければと思います．

■**補足**(ベキ級数と劣調和関数)

上ではベキ級数 $\sum a_{jk} z^j w^k$ の収束条件に関する結果をご

[***] 定義については本書 p.228 を参照．

紹介しましたが，多変数の解析関数の基礎理論が詳しく研究されるきっかけを作ったのは F. ハルトークスの 1906 年の論文で，そこではツォルンの定理の前身とも言うべき次の命題が示されています．

> **定理 3** $\mathbf{C}^n$ 内の多重円板 $\mathbf{D}^n$ ($\mathbf{D} = \{z \in \mathbf{C}; |z| < 1\}$) 上の関数 $f(z_1, \cdots, z_n)$ について，f が各変数 z_j につき残りの変数を止めるごとに $\mathbf{D}$ 上で解析的ならば，f は $\mathbf{D}^n$ 上で解析的である．

この定理を $n=2$ の場合にベキ級数を用いて言い直すと

ベキ級数 $\sum a_{jk} z^j w^k$ について，$\sum_{j=0}^{\infty} a_{jk} z^j$ の収束円はすべての k に対して $\mathbf{D}$ であり，すべての $z \in \mathbf{D}$ に対し $\mathbf{D}$ は $\sum_{k=0}^{\infty} \left(\sum_{j=0}^{\infty} a_{jk} z^j \right) w^k$ の収束円であるとするならば，$\sum a_{jk} z^j w^k$ は $\mathbf{D}^2$ 上で収束する．

となります．

従ってこれをさらに言い換えて任意の $k \in \mathbf{N} \cup \{0\}$ に対して $\limsup_{j \to \infty} \sqrt[j]{|a_{jk}|} \leq 1$ であり，かつ任意の $z \in \mathbf{D}$ に対して $\limsup_{k \to \infty} \sqrt[k]{\left| \sum_{j=0}^{\infty} a_{jk} z^j \right|} \leq 1$ であれば $\lim_{m \to \infty} \sup_{j+k \geq m} \sqrt[j+k]{|a_{jk}|} \leq 1$ である．

を得ます．ここで現れた $\left| \sum a_{jk} z^j \right|^{1/k}$ の形の関数は，数理物理および幾何学的意味のある，ある微分不等式を満たします．こ

のことをふまえて導入されたのがハルトークス関数や多重劣調和関数のクラスだったわけです．

第3章

指数関数と補間定理

■ 指数関数と円周率

　前章は解析関数について，収束ベキ級数を出発点とした解析接続による定義づけとベキ級数の収束条件をめぐる話題でした．いわば一般関数論の一端に触れたことになりますが，今回は特論で，指数関数をめぐる話題をご紹介したいと思います．D を複素平面 $\mathbf{C}$ 内の領域とします．D 上の関数 $f: D \to \mathbf{C}$ が解析関数であるとは，変数 z が D 内を動くとき各点 c のまわりで $f(z)$ が $z-c$ の収束ベキ級数で表せることをいうのでした．また，ワイアシュトラスの意味での解析関数は，一般には定義域を $\mathbf{C}$ 上の領域まで拡げて考えるのでした．
　ワイアシュトラスが 1878 年にベルリン大学で行った講義 [W] では，この解析接続の基礎理論を論じた後，

$$E(z) = \sum_{\nu=0}^{\infty} \frac{z^{\nu}}{\nu!}$$

によって $\mathbf{C}$ 上で定義された解析関数の具体例について詳しく述べています．右辺の式は指数関数 e^z のよく知られたテイラー・マクローリン展開ですが，この級数が任意の z に対して収束することに注目し，逆にここから出発して関数の基

本的な性質を導いてみようという発想です．まず指数法則 $E(z+w)=E(z)\cdot E(w)$ が，テイラーの公式を用いた式変形

$$E(z+w) = \sum\left(\frac{E^{(\nu)}(z)}{\nu!}\right)w^\nu$$

$$= E(z)\sum\frac{w^\nu}{\nu!} = E(z)\cdot E(w)$$

によって導かれます．（ここは二項定理により $\sum\frac{a^k}{k!}\sum\frac{b^m}{m!} = \sum\left(\frac{1}{n!}\right)\sum\left(\frac{n!}{k!(n-k)!}\right)a^k b^{n-k} = \sum\frac{(a+b)^n}{n!}$ としてもよい．）

指数法則より $E\left(\frac{m}{n}\right) = E(1)^{\frac{m}{n}}$（$m,n$ は自然数）となります．ここで $e = E(1) = \sum\frac{1}{\nu!}$ とおき，$E(z)$ をあらためて e^z と書きます．ここから今日の微積分法で言い習わされている $e = \lim_{n\to\infty}\left(1+\frac{1}{n}\right)^n$ を導くのはそう難しいことではありません．

ワイアシュトラスはここから独自の議論を展開し，π（円周率）を $e^{iy} = -1$ をみたす最小の正の実数として導入します．この部分を原典 [W] に沿って味わってみたいと思います．

この指数関数について，まず次の問題を解いておこう．

「w が任意に与えられたとき，$e^z = w$ をみたす z は存在するか？」

w が正の実数であるとせよ．z が正の実数なら e^z は 1 より大なる値をとり，$e^{-z} = \frac{1}{e^{+z}}$ なので z が負でも e^z はやはり正となる．$e^0 = 1$ であり，e^z において z が正の実数のみを動くとき，z を大きくしていけば e^z をいくらでも大きくすることができる．

いま，N を任意に大きい数として，$1 < w < N$ に対して

e^z-w（の動き）を観察すると，この差は $z=0$ のとき負であり，m を十分に大きくとれば，$z=m$ に対して正である．よって 0 と m の間の**少なくとも**一つの z の値に対して e^z-w は 0 になり，よって（その z に対して）等式 $e^z=w$ が成立する．しかるにそのような z_0 は一つしか存在しない．なぜなら，e^{z_0+h} は $w\cdot e^h$ に等しいので w より大であり，$e^{z_0-h'}=\dfrac{w}{e^{h'}}$ は w より小なるゆえである．

$w<1$ のとき，$e^{z'}=\dfrac{1}{w}$ をみたす z' をとれば，求める z_0 は $-z'$ となる．

ここで等式 $e^{z'}=w$ をみたす z' で実数でないものが存在するかどうかが気になるところである．ただし w は依然正の実数としている．上で示したように，$e^{z_0}=w$ をみたす実数 z_0 はつねに存在するから，$e^{z'}=w$ であれば $e^{z'-z_0}=1$ となる．従って，問題は $e^z=1$ の複素数解を求めよということになる．

$z=x+iy$ に対し，$e^z=1$ であるとすると $e^x\cdot e^{iy}=1$ であり，従って $e^{x-iy}=e^x\cdot e^{-iy}=1$ でもある．なぜなら，級数 $e^z=\sum\dfrac{z^\nu}{\nu!}$ において変数 z をその共役複素数 $\bar{z}=x-iy$ に置き換えると，級数の和も共役になるからである．

$e^x\cdot e^{iy}=1$, $e^xe^{-iy}=1$ より $e^{2x}=1$ となるが，上で示した通り，この等式は $x=0$ のときのみ成立する．

さて，ここでまだ解くべき問題が残っている．それは y を $e^{iy}=1$ をみたすように取れるかどうかということである．
$$e^{iy}=\left(1-\frac{y^2}{2!}+\frac{y^4}{4!}-+\cdots\right)+i\left(y-\frac{y^3}{3!}+\frac{y^5}{5!}-+\cdots\right)$$
である．

この右辺第一項を $\varphi(y)=1-\left(\dfrac{y^2}{2!}-\dfrac{y^4}{4!}+-\cdots\right)$ とおき，よく調べてみよう．$y=0$ に対しては $\varphi(y)=1$ となる．括弧内の級数を

$$a_1-a_2+a_3-\cdots+(-1)^{n-1}a_n+\cdots$$

と書くと，

$$\frac{a_{n+1}}{a_n}=\frac{y^2(2n)!}{(2n+2)!}=\frac{y^2}{(2n+1)(2n+1)}$$

となり，したがって，$y^2<2(n+1)(2n+1)$ ならば a_{n+1} は a_n より小さいわけで，とくに $y=2$ ならばすでに $n=1$ からこれが成り立つ．このとき a_n は狭義単調減少列になり，よって $\varphi(2)<1-\left(\dfrac{2^2}{2!}-\dfrac{2^4}{4!}\right)$, $\varphi(2)<-\dfrac{1}{3}$ となる．ゆえに，0 と 2 の間に少なくとも一つ，$\varphi(y)=0$ をみたす y が存在する．

$e^{iy}=\varphi(y)+i\psi(y)$ とおけば，$e^{-iy}=\varphi(y)-i\psi(y)$ であることから

$$\varphi(y)^2+\psi(y)^2=1$$

である．これより，y_0 を（0 と 2 の間にある）数で $\varphi(y_0)=0$ をみたすものとすれば，$\psi(y_0)=\pm 1$ となるから，$e^{iy_0}=\pm i$ であり，したがって $e^{4iy_0}=+1$ となる．

このようにして，$e^{iy}=1$ という方程式は（解が存在するという意味で）満足すべきものであることが示されたわけである．

$e^{iy}=1$ をみたす最小の正の数を y' とする．$\bar{y}$ を同じ方程式の他の任意の解としたとき，$\bar{y}=n\cdot y'+y_1$ $(0\leqq y_1<y')$ で，$e^{i\bar{y}}=1=e^{iy'}\cdot e^{iy_1}=1\cdot e^{iy_1}$ である．従って $y_1=0$ でなければならない．何となれば，y_1 は y' 未満であり，y' は

32

この右辺第一項を $\varphi(y)=1-\left(\dfrac{y^2}{2!}-\dfrac{y^4}{4!}+-\cdots\right)$ とおき，よく調べてみよう．$y=0$ に対しては $\varphi(y)=1$ となる．括弧内の級数を

$$a_1-a_2+a_3-\cdots+(-1)^{n-1}a_n+\cdots$$

と書くと，

$$\frac{a_{n+1}}{a_n}=\frac{y^2(2n)!}{(2n+2)!}=\frac{y^2}{(2n+1)(2n+1)}$$

となり，したがって，$y^2<2(n+1)(2n+1)$ ならば a_{n+1} は a_n より小さいわけで，とくに $y=2$ ならばすでに $n=1$ からこれが成り立つ．このとき a_n は狭義単調減少列になり，よって $\varphi(2)<1-\left(\dfrac{2^2}{2!}-\dfrac{2^4}{4!}\right)$, $\varphi(2)<-\dfrac{1}{3}$ となる．ゆえに，0 と 2 の間に少なくとも一つ，$\varphi(y)=0$ をみたす y が存在する．

$e^{iy}=\varphi(y)+i\psi(y)$ とおけば，$e^{-iy}=\varphi(y)-i\psi(y)$ であることから

$$\varphi(y)^2+\psi(y)^2=1$$

である．これより，y_0 を（0 と 2 の間にある）数で $\varphi(y_0)=0$ をみたすものとすれば，$\psi(y_0)=\pm1$ となるから，$e^{iy_0}=\pm i$ であり，したがって $e^{4iy_0}=+1$ となる．

このようにして，$e^{iy}=1$ という方程式は（解が存在するという意味で）満足すべきものであることが示されたわけである．

$e^{iy}=1$ をみたす最小の正の数を y' とする．$\bar{y}$ を同じ方程式の他の任意の解としたとき，$\bar{y}=n\cdot y'+y_1$ $(0\leqq y_1<y')$ で，$e^{i\bar{y}}=1=e^{iy'}\cdot e^{iy_1}=1\cdot e^{iy_1}$ である．従って $y_1=0$ でなければならない．何となれば，y_1 は y' 未満であり，y' は

e^z-w（の動き）を観察すると，この差は $z=0$ のとき負であり，m を十分に大きくとれば，$z=m$ に対して正である．よって 0 と m の間の**少なくとも**一つの z の値に対して e^z-w は 0 になり，よって（その z に対して）等式 $e^z=w$ が成立する．しかるにそのような z_0 は一つしか存在しない．なぜなら，e^{z_0+h} は $w \cdot e^h$ に等しいので w より大であり，$e^{z_0-h'}=\dfrac{w}{e^{h'}}$ は w より小なるゆえである．

$w<1$ のとき，$e^{z'}=\dfrac{1}{w}$ をみたす z' をとれば，求める z_0 は $-z'$ となる．

ここで等式 $e^{z'}=w$ をみたす z' で実数でないものが存在するかどうかが気になるところである．ただし w は依然正の実数としている．上で示したように，$e^{z_0}=w$ をみたす実数 z_0 はつねに存在するから，$e^{z'}=w$ であれば $e^{z'-z_0}=1$ となる．従って，問題は $e^z=1$ の複素数解を求めよということになる．

$z=x+iy$ に対し，$e^z=1$ であるとすると $e^x \cdot e^{iy}=1$ であり，従って $e^{x-iy}=e^x \cdot e^{-iy}=1$ でもある．なぜなら，級数 $e^z=\sum \dfrac{z^\nu}{\nu!}$ において変数 z をその共役複素数 $\bar{z}=x-iy$ に置き換えると，級数の和も共役になるからである．

$e^x \cdot e^{iy}=1$, $e^x e^{-iy}=1$ より $e^{2x}=1$ となるが，上で示した通り，この等式は $x=0$ のときのみ成立する．

さて，ここでまだ解くべき問題が残っている．それは y を $e^{iy}=1$ をみたすように取れるかどうかということである．

$$e^{iy}=\left(1-\frac{y^2}{2!}+\frac{y^4}{4!}-+\cdots\right)+i\left(y-\frac{y^3}{3!}+\frac{y^5}{5!}-+\cdots\right)$$

である．

方程式 $e^{iy}=1$ の最小の正の解だったからである．したがって，方程式 $e^{iy}=1$ のすべての解は，最小の正の解の整数倍である．この最小の正の解を 2π で表す．

$e^{2\pi i}=1$（と 2π の最小性）より，π は方程式 $e^{iy}=-1$ をみたす最小の正の数である．

要するに e^z は周期関数であり，その周期は $2n\pi i$（n は整数）と書けるということですが，この原文はドイツ語独特の緻密な表現満載の文章で書かれており，訳しながら「回りくどささえも文章の味わいにしてしまう」という言葉がふと浮かんだものでした．ともかくワイアシュトラスはこのような講義で多くの学生たちを魅了しました．有名な門下生の中には，S. コワレフスキー，G. ミッタク・レフラー，F. フロベニウス，H. シュワルツ，G. カントール，C. ルンゲらがいます．講義の影響は 1966 年に米国の数学者 W. ルディンが著した名著「Real and Complex Analysis」(実および複素解析) にも及んでおり，第一章のルベーグ積分論に先立つ「指数関数 (The Exponential Function) という序章では，「This is the most important function in mathematics」という出だしで，e^z に関する基本事項がワイアシュトラス流に要領よくまとめられています．

ちなみに，「$e^{iy}=1$ は満足すべき方程式である (eine zu befriedigende Gleichung)」という台詞からは，悠然と教室を見渡すワイアシュトラス教授の微笑さえ感じられるようですが，この講義が行われた教室は優に 300 席はあろうかという大講義室で，今もベルリンの中心部にあるフンボルト大学の建物の中に残っています．相対性理論で有名な A. アインシュタイン (1879-1955) もここで講義をしたそうですが，残念なことに自然科学系の学科は 15 年くらい前に郊外に移転してしまい，ここではもう数学や物理の講義は行われていません．まだ数学教

室がここに残っていた 1997 年，筆者は J. ライテラー教授の招きでフンボルト大学を訪れ，この講義室を見学することができました．これはまことに幸運であったと言わねばなりません．

指数関数が重要な理由を挙げればきりがありません．たとえば $y = e^x$ が微分方程式 $y' = y$ の解であることは常微分方程式の解法理論の基礎です．また，等式 $e^{i\pi} = -1$ は円周率と虚数単位を簡潔に結んでいます．ちなみにこの等式は，複素平面上で関数 $\dfrac{1}{z}$ を原点を中心とする円周に沿って左回りに線積分すると $2\pi i$ になることと，ほぼ同じ内容を含んでいます．

さらに，等式

$$\int_{-\infty}^{\infty} e^{-\pi x^2} dx = 1$$

は解析学全般において極めて重要です．次節ではこの積分に関連する複素解析の話題を一つご紹介したいと思います．その準備として，完備距離空間の概念を導入しておきましょう．

完備距離空間： X を集合とする．X の任意の要素 x に対して定まる X 上の非負関数 ρ_x があり，$\rho_x(y) = 0 \Leftrightarrow x = y$, $\rho_x(y) = \rho_y(x)$, $\rho_x(y) + \rho_y(z) \geq \rho_x(z)$ が成り立つとき，$\rho_x(y)$ を二点 x, y の間の**距離**と呼ぶ．距離を備えた集合を**距離空間**という．x, y 間の距離を $\mathrm{dist}(x, y)$ とも書く．正の数 ε に対し，$\mathrm{dist}(x, y) < \varepsilon$ をみたす y の集合を x の ε **近傍**という．X の部分集合 U は，U のどの点も U に含まれる ε 近傍を持つとき，X の**開集合**であるという．二つの距離空間 X, Y の間の写像は，開集合の逆像がつねに開集合であるとき**連続**であるという．

$\lim\limits_{m, n \to \infty} \mathrm{dist}(x_m, x_n) = 0$ をみたす点列 x_n を**コーシー列**とい

い，$\lim_{n\to\infty}\text{dist}(x_n, y) = 0$ が成り立つような点 y が存在するとき，x_n は**収束列**であるという．任意のコーシー列が収束列であるような距離空間を**完備距離空間**という．

整関数による補間問題

$\mathbf{C}$ 上の解析関数を**整関数**(entire function)といいます．整関数は $\mathbf{C}$ 上で収束するベキ級数でもあるので，多項式の自然な一般化です．整関数に対し，**ワイアシュトラスの乗積定理**という，整数や多項式の因数分解に相当する式があります．これは零点の分布による関数の表示であり，次のような存在定理の形が基本です．

> **定理1** $c_1, c_2, \cdots$ は 0 でない複素数の列で，それらの絶対値は無限大に発散するとする．このとき適当な自然数の列 $k_1, k_2, \cdots$ に対して無限積
> $$\prod_{n=1}^{\infty}\left(1 - \frac{z}{c_n}\right)\exp\left(\frac{z}{c_n} + \frac{z^2}{2c_n^2} + \cdots + \frac{z^{k_n}}{k_n c_n^{k_n}}\right)$$
> (ただし $\exp z = e^z$) は局所的に収束する．

ただし関数列が**局所的に収束する**とは，定義域の各点の近傍で一様収束することをいいますが，無限積の場合は対数をとって無限級数に直したものがそうであることをいいます．

例1 $\displaystyle\prod_{n=1}^{\infty}\left(1+\frac{z}{n}\right)\exp\left(\frac{-z}{n}\right)$ は局所的に収束する．

例2 α,β を $\mathbf{R}$ 上線形独立な二つの複素数とし，
$$\Lambda=\{\omega\,;\,\omega=m\alpha+n\beta,\quad m,n\text{ は整数で }(m,n)\neq(0,0)\,\}$$
とおく．このとき $\displaystyle\prod_{\omega\in\Lambda}\left(1-\frac{z}{\omega}\right)\exp\left(\frac{z}{\omega}+\frac{z^2}{2\omega^2}\right)$ は局所的に収束する．

　解析関数の局所収束列の極限が解析関数になることも思い出しておきましょう．ワイアシュトラスの講義では，この命題は乗積定理の章で証明されています．

　以下では整関数についての補間問題を考えましょう．補間とは読んで字のごとく「間を補う」ということで，たとえば2点間を直線でつなぐのも補間です．多項式による補間公式の中で特に有名なものは，**ラグランジュの補間公式** $\displaystyle\sum_{j=1}^{n}y_j\prod_{k\neq j}(x-x_k)\bigg/\prod_{k\neq j}(x_j-x_k)$ です．この公式は有限個の点 x_j で値 y_j を指定した多項式を与えます．このように定義域の一部で値を与えて関数を作る問題を**補間問題**といいます．ワイアシュトラスは乗積定理を基礎として補間問題を解きましたが，その精密化にあたる最近の結果にふれてみましょう．

　増大度の条件つきで補間問題を解くことを考えます．その条件ですが，$\alpha>0$ に対して $d\mu_\alpha(z)=\left(\dfrac{\alpha}{\pi}\right)e^{-\alpha|z|^2}dxdy$ とおき，
$$\int_{\mathbf{C}}|f(z)|^2\,d\mu_\alpha(z)<\infty$$
をみたす整関数の集合を考え，F_α^2 で表します．$f,g\in F_\alpha^2$ かつ $a,b\in\mathbf{C}$ なら $af+bg\in F_\alpha^2$ であることや，z の多項式がすべて

F_α^2 に含まれることは明らかですから，F_α^2 は無限次元のベクトル空間です．

$\left(\int |f(z)|^2 d\mu_\alpha(z)\right)^{\frac{1}{2}}$ を f の L^2 **ノルム**といい，$\|f\|$ と書きます．F_α^2 の二点 f, g の間の距離を $\|f-g\|$ で定めれば，F_α^2 は完備距離空間になります．完備性は関数系 $1, z, z^2, \cdots$ が内積

$$\langle f, g \rangle = \int_{\mathbf{C}} f(z) \overline{g(z)} d\mu_\alpha(z)$$

に関する直交系をなすことから従います．一般に，内積を持つベクトル空間は内積に付随するノルムに関して完備なとき**ヒルベルト空間**とよばれますが，上記の空間はとくに関数をベクトルとみなした関数空間で，Bargmann-Fock 空間と呼ばれます．出どころは量子力学です．素粒子の運動状態を記述するにはエルミート多項式など多項式の無限系列を収めるのに適した構造を持つ無限次元のベクトル空間が必要でした．Bargmann-Fock 空間はそのために好都合な，数学的にも自然な対象だったわけです．また，F_α^2 における補間問題には情報工学の基礎理論という側面もありますが，以下では応用面にはふれず数学の話に限ります．

F_α^2 においてもラグランジュの補間公式に相当するものがありますが，その元になるのが**再生公式**と呼ばれるものです．それは

$$f \in F_\alpha^2 \text{ ならば } f(z) = \int_{\mathbf{C}} f(\zeta) e^{\alpha z \bar{\zeta}} d\mu_\alpha(\zeta)$$

が成立するというものです．（両辺のテイラー展開を比較すればよい．）以下，記号の節約のため $K(z, \zeta) = e^{\alpha z \bar{\zeta}}$ とおきます．$k_\zeta(z) = K(\zeta, \zeta)^{\frac{1}{2}} K(z, \zeta)$ とおくと

$$\int_{\mathbf{C}} |k_\zeta(z)|^2 d\mu_\alpha(z) = \frac{\alpha}{\pi} \int_{\mathbf{C}} e^{-\alpha(|\zeta|^2 - \bar{\zeta}z - \zeta\bar{z} + |z|^2)} dxdy$$

$$= \frac{\alpha}{\pi} \int_{\mathbf{C}} e^{-\alpha|z-\zeta|^2} dxdy = 1$$

より，$k_\zeta(z)$ は F_α^2 のベクトルとしてノルムは1です．さらに詳しく観察しますと，関数 $e^{-\alpha|\zeta|^2}|k_\zeta(z)|^2$ のグラフは $z = \zeta$ の近くで突出した大きさを持つ，大まかには富士山のような形をしていて，$|k_\zeta(\zeta)|^2 = e^{\alpha|\zeta|^2}$, $z \neq \zeta$ ならば $\lim_{\alpha \to \infty} e^{-\alpha|\zeta|^2}, |k_\zeta(z)|^2 = 0$ をみたします．また，α が大きくなると $|k_\zeta(z)|^2$ のグラフはどんどん急峻になっていき，密度分布が一点に凝縮していく様相を呈します．これはラグランジュの公式における関数系 $\prod_{k \neq j}(x - x_k) / \prod_{k \neq j}(x_j - x_k)$ が，$x = x_j$ のとき1で $x = x_k (k \neq j)$ のとき0であることと似通っています．そこで上の再生公式をラグランジュの公式風に代数的に解釈し，$f(z)$ を $k_\zeta(z)$ たちの線形結合で表す式とみなせば，これは関数族 $\{k_\zeta(z)\}_{\zeta \in \mathbf{C}}$ が F_α^2 の building block（基本的構成要素）であることを示唆しています．この考えを補間問題を解くことにより具体化したのが，K. セイプ氏と R. ワルステン氏による仕事です (1992年)．結論がたいへん明快なので，やや専門的になりますが次節ではその内容をご紹介したいと思います．

セイプ・ワルステンの補間定理

$\mathbf{C}$ の可算部分集合 $\varGamma$ に対して，数列の集合 $\ell_\varGamma^2 = \{c \in \mathbf{C}^\varGamma;$

$\sum |c(\gamma)|^2 < \infty \}$ を考えます. $k_\xi(z)$ についての上の考察により, Γ が **C** 上にムラなく均一に分布する場合には, α を十分大きくとることにより, 任意の $c \in \ell_\Gamma^2$ に対して無限級数 $\sum c(\gamma) k_\gamma(z)$ は条件 $\sum |c(\gamma)|^2 < \infty$ より F_α^2 において収束し, その結果, F_α^2 の関数 f で $f(\gamma) = c(\gamma) e^{\alpha |\gamma|^2 / 2}$ をみたすものが存在するであろうと見込まれます. 逆に α が十分小さければ, F_α^2 の関数 f に対する積分

$$\int_{\mathbf{C}} |f(z)|^2 d\mu_\alpha(z)$$

は (定数倍を除いて) $\sum |f(\gamma)|^2 e^{-\alpha |\gamma|^2}$ と同程度の大きさであるということが, やはり f をテイラー展開して係数を評価してみればわかります. この観察を精密化したセイプとワルステンの定理を述べるため, 二つの概念が必要になります.

定義 1 Γ が **一様離散的** であるとは, $\inf\{|\gamma - \gamma'|; \gamma, \gamma' \in \Gamma, \gamma \neq \gamma'\} > 0$ であるとき, すなわち二点間の距離が正の定数を下回らないことをいう.

定義 2 一様離散的な Γ に対し,
$$D^+(\Gamma) = \lim_{R \to \infty} \sup_{z \in \mathbf{C}} \frac{\#\{\gamma \in \Gamma; |\gamma - z| < R\}}{\pi R^2}$$
$$D^-(\Gamma) = \lim_{R \to \infty} \inf_{z \in \mathbf{C}} \frac{\#\{\gamma \in \Gamma; |\gamma - z| < R\}}{\pi R^2}$$
とおく. (# は濃度, sup, inf はそれぞれ上限, 下限を表す.)

α の大きさを $D^+(\Gamma)$ と $D^-(\Gamma)$ を基準にとって測り, Γ について次の性質を出すのがセイプ・ワルステン理論の目標です.

定義 3 Γ が F_α^2 に対する**補間集合**であるとは，任意の $c \in \ell_\Gamma^2$ に対して $f \in F_\alpha^2$ が存在して，$f(\gamma) = c(\gamma) e^{\alpha|\gamma|^2/2}$ がすべての $\gamma \in \Gamma$ に対して成立することをいう．

定義 4 Γ が F_α^2 に対する**決定集合**であるとは，ある正の数 A, B が存在して，$A\|f\|^2 \leq \sum_{\gamma \in \Gamma} |f(z)|^2 \, e^{-\alpha|\gamma|^2} \leq B\|f\|^2$ がすべての $f \in F_\alpha^2$ に対して成立することをいう．

補間集合は「set of interpolation」，決定集合は「set of sampling」の訳ですが，後者は「サンプリング集合」でもよいかもしれません．いずれにせよ，次の二つの定理が補間問題の答です．

定理 2（存在） Γ が F_α^2 に対する補間集合であるための必要十分条件は，一様離散的でありかつ $D^+(\Gamma) < \dfrac{\alpha}{\pi}$ となることである．

定理 3（一意性） Γ が F_α^2 に対する決定集合であるための必要十分条件は，Γ が有限個の一様離散的な集合の和集合であり，かつ一様離散的な部分集合 Γ' で $D^-(\Gamma') > \dfrac{\alpha}{\pi}$ となるものを含むことである．

要するに，Γ が十分まばらな集合であれば F_α^2 で補間ができ，逆に十分に密な集合であればそこだけで F_α^2 の関数が決定できるわけです．定理 2, 3 の必要性の部分は

Seip,K., Density theorems for sampling and interpolation in the Bargmann-Fock space.I. J.Reine u. Angew. Math.429(1992), 91-106

で，十分性は

Seip,K. and Wallstén,R., Density theorems for sampling and interpolation in the Bargmann-Fock space.II. J.Reine u. Angew.Math.429(1992), 107-113

で証明され，高い評価を受けました．Γ が C の格子，すなわち $Z \oplus Z$（Z は整数全体の集合を表す）と同型な一様離散的部分群の場合には，定理2の十分性の部分はラグランジュの公式の無限級数版として，ワイアシュトラスのシグマ関数を用いて解が書けます．ちなみに，これらが掲載された雑誌

Journal für die reine und angewandte Mathematik
（純粋および応用数学のための雑誌）

は，創刊者である A.L.Crelle(1780-1855) の名を冠して「クレレ・ジャーナル」とも呼ばれる有名な専門誌です．

弟への便り

さて，話は戻りますが，1854年，まだブラウンスベルク（現在はポーランドのブラニェボ）という小さな町で高校（ギムナジウム）の教師をしていたワイアシュトラスは，多変数の周期関数に関する研究をこの雑誌に発表して注目を浴びました．たまたまセイプらの上の論文と同じ号に載った論説

Bölling,R., Zur Biographie von Weierstraß. [On the biography of Weierstrass] J.Reine u. Angew.Math. 429 (1992), i-iii

には，その頃のワイアシュトラスの人生の一コマが紹介されています．これによると，この年の 12 月 30 日付けでワイアシュトラスが弟のペーターに書いた手紙には，論文が好評であったことや，おかげで近々処遇の改善が期待できるようになり，「ベルリンのクレレ氏」がその実現のため尽力してくれていることなどが書かれています．ワイアシュトラスはそれまで，数学者として卓越した能力を持ちながら，かのコペルニクスが「最果ての地」と呼んだ海辺の町で，15 年もの間初等教育に携わっていたのでした．さらに，この論説では同年の 3 月 31 日，ケーニヒスベルク大学の F. リヒェロート教授がワイアシュトラスに名誉学位を授与するためブラウンスベルクを訪れ，彼の業績を称えて「数学者たちは彼らの師をワイアシュトラスに見出した」と言ったこと (daß die Mathematiker in Weierstraß ihren Meister gefunden hätten) にもふれられています．

　リヒェロート教授をここまで感激させたワイアシュトラスの論文には何が書いてあったのでしょうか．次章ではワイアシュトラスの楕円関数論をご紹介しつつ，この論文の内容にもふれてみましょう．

参考文献

[W] Weierstrass, K., Einleitung in die Theorie der analytischen Funktionen, Vorlesung Berlin 1878, Dokumente zur Geschichte der Mathematik, Springer 1988.

第 4 章

ワイアシュトラスの構想

■ 中年の新星

　前章の最後に，ワイアシュトラスが 1854 年の論文で注目を浴びたことにふれました．

　　長年にわたりアーベルの超越関数の理論の研究に携わって来た結果，私は数学者の注目に値しなくもないと思われる成果を得ることに成功し，一連の論考においてその詳細を展開することを目論んでいる．

という文章で始まる「アーベル関数の理論へ」(Zur Theorie der Abelschen Functionen) と題された 20 頁のこの論文は，「長年の成果の短い概要」であるとされています．本章はこの論文の内容やそれをめぐるエピソードなどにふれてみたいと思います．
　この論文の発表を境に，それまでの 40 年間全くの無名だった人物が，以後 40 年にわたり数学界を席巻するに至りました．その主な理由は，この論文がヤコービによって予想された楕円関数論の一般化を実現しており，その方法の一般性により，ここからさらに進んで「n 変数の $2n$ 重周期有理型関数（= アーベル関数）」の本格的な理論の建設が望まれるようになったことに

あります．ワイアシュトラスは**超楕円積分**についての**ヤコービの逆問題**を解いたのですが，しばらくはその内容には立ち入らず，そもそも楕円関数とは何かから始め，ワイアシュトラスがどのようにして楕円関数論と出会い，その研究を通じてどのような構想を持つに至ったかを中心に話を進めていきましょう．

加法定理と楕円関数

楕円関数論の発端は三角関数の加法定理です．オイラーの公式 $e^{ix} = \cos x + i \sin x$ より

$$\cos x = \frac{e^{ix} + e^{-ix}}{2}, \ \sin x = \frac{e^{ix} - e^{-ix}}{2i}$$

ですから，加法定理

$$\cos(x+y) = \cos x \cos y - \sin x \sin y$$
$$\sin(x+y) = \sin x \cos y + \cos x \sin y$$

は指数法則から容易に導けますが，言うまでもなくこれらの幾何学的な意味は，円周の弧長 x, y に対応する座標 $(\cos x, \sin x), (\cos y, \sin y)$ と弧長 $x+y$ に対応する座標 $(\cos(x+y), \sin(x+y))$ の関係に他なりません．18世紀の中頃には，これを楕円やレムニスケート（連珠形）に拡張した式が知られるようになりました．その動機は, G. ファニャーノ (1682-1766) がコンパスと定規でレムニスケートの弧の二等分点が作図できることを示したことです．彼はこれを積分

$$\int \frac{dr}{\sqrt{1-r^4}}$$

を調べることによって導きました．同種の積分は楕円の弧長や

単振り子の運動などを表す式でもあったのですが，指数関数や対数関数などのいわゆる「初等関数」の範囲には収まらないものでした．L. オイラー (1707-83) はファニャーノの結果に感銘を受け，これを一般化して一つの加法定理を確立しました．三角関数の加法定理

$$\sin(\alpha+\beta) = \sin\alpha\cos\beta + \sin\beta\cos\alpha$$

を弧長を表す積分を使って書くと

$$\int_0^\alpha \frac{dx}{\sqrt{1-x^2}} + \int_0^\beta \frac{dx}{\sqrt{1-x^2}} = \int_0^{\alpha\sqrt{1-\beta^2}+\beta\sqrt{1-\alpha^2}} \frac{dx}{\sqrt{1-x^2}}$$

となりますが，オイラーは等式

$$\int_0^\alpha \frac{dx}{\sqrt{1-x^4}} + \int_0^\beta \frac{dx}{\sqrt{1-x^4}} = \int_0^{F(\alpha,\beta)} \frac{dx}{\sqrt{1-x^4}}$$

をみたす $F(\alpha,\beta)$ として

$$F(\alpha,\beta) = \frac{\alpha\sqrt{1-\beta^4}+\beta\sqrt{1-\alpha^4}}{1+\alpha^2\beta^2}$$

を得ました．J.-L. ラグランジュ (1736-1813) はさらに一般的な理論を目指し，重根を持たない3次または4次の多項式 $P(x)$ に対して積分

$$\int R(x,y)dx \quad (R \text{ は有理関数で } y=\sqrt{P(x)})$$

を研究しました．ラグランジュの研究は A.-M. ルジャンドル (1752-1833) に受け継がれ，上の積分は変数の変換により三つの標準型に帰着されることなどが調べられました．これらを総称して**楕円積分**といいます．ただしここまでは関数はすべて実変数で実数値です．

　一般に，この楕円積分

$$x \longrightarrow u = \int_0^x R(r,s)dr \quad (s=\sqrt{P(r)})$$

を，平方根 $\sqrt{P(r)}$ の選び方（実数とは限らない）を適当に決めながら定義域を数直線上にまで拡げ，その逆関数を複素平面上に解

45

析的に拡張したものが**楕円関数**です．より正確には，$P(r) \neq 0$ となる区間 I を含む領域上の解析関数 $s(w)(w=r+it)$ で $P(w)=s(w)^2$ を満たすものを適当に選び，さらに I に含まれる区間 $[a,b]$ 上で $R(r,s(r))$ の分母が 0 にならないものに対する積分

$$\int_a^b R(r,s(r))dr$$

を a を固定して b の関数と考え，さらにその逆関数を収束ベキ級数の比としてワイアシュトラス流に解析接続したものが楕円関数です．こうすると（不思議なことに）楕円関数は周期性を持ち，三角関数の自然な拡張と考えられます．これを発見したのがノルウェーの生んだ天才 N. アーベル (1802-29) でした．

楕円関数を特徴づける性質は二重周期性です．つまり **C** 上の二重周期の有理型関数が楕円関数です．ただし **C 上の有理型関数**とは収束ベキ級数の比の解析接続で，**C** 全体に接続されて一価になるものをいい，**C** 上の有理型関数 $f=f(z)$ が**二重周期**というのは，**R** 上線形独立な二つの複素数 ω_1, ω_2 があって $f(z+\omega_1)=f(z+\omega_2)=f(z)$ となることをいいます．

例 （ワイアシュトラスの $\wp$（ペー）関数）
$$\wp(z) = \frac{1}{z^2} + \sum_\omega \left(\frac{1}{(z-\omega)^2} - \frac{1}{\omega^2}\right)$$
ただし ω は $m\omega_1+n\omega_2\ ((m,n) \in \mathbf{Z}^2 \backslash (0,0))$ を動く．

また，$y=\sqrt{x(x-1)(x-2)}$ のとき，積分 $u=\int_0^t \frac{dx}{y}$ の逆は複素変数 $z=u+iv$ について **C** 上の有理型関数として拡張でき，二つの周期 $2\int_0^1 \frac{dx}{y}$（実数），$2\int_1^2 \frac{dx}{y}$（純虚数）を持ちます．こ

れは $\sin z$ の周期が $2\int_0^1 \frac{dx}{\sqrt{1-x^2}}$ であることの一般化になっています．これに比べて「連珠関数」すなわち $\int_0^t \frac{dx}{\sqrt{1-x^4}}$ の逆関数の周期は複素平面上の線積分の値になるので，さすがのオイラーもこの周期性を見逃したということかもしれません．ちなみに，C. ガウス (1777 - 1855) は連珠関数を詳しく研究しましたが，論文としては発表しませんでした．アーベルの研究 (1827) はガウスの円周等分論に影響を受けたともいわれますが，その方向では 5 次方程式の代数的解法の非存在証明とも絡みます．

このように，楕円関数の発見は加法定理がきっかけだったわけですが，これにより種々の関数等式の関係が見通しよくなっただけでなく，それまでとは違った全く新しい分野が開け，数学全体がその理解に向けて進むようになりました．楕円関数に魅了された一人であるフランスの大数学者 C. エルミート (1822 - 1901) は，「アーベルは数学者たちに 500 年分の仕事を残した」と言いました．今日隆盛を誇る代数幾何学も，その端緒はアーベルにあると言われます．アーベルは $\int \frac{dt}{\sqrt{(1-t^2)(1-c^2t^2)}}$ について特に詳しく研究しました．アーベルの論文 (フランス語) はさながら広々とした無人の野を行く趣があります．

楕円関数と共に

アーベルはさらに進んで，有理関数 $R(x, y)$ に対する $\int R(x, y) dx$ の形の積分を y が x の代数関数である場合に研

究し，その一般的な性質を発見しました．アーベルの功績は，x, y をそれぞれ複素変数 z, w に拡げ，積分を複素平面上にまで拡げて $\int R(z, w)dz$ の多価性のしくみを解明したことです．この積分の多価性とは，積分路を複素平面上で $R(z, w)$ の特異点を避けるようにとったとき，閉じた積分路に沿う値が必ずしも 0 でないことから生じるものです．例えば $zw = 1$ のとき $wdz = \dfrac{dz}{z}$ で，これを原点を中心とする円周上を左回りに積分すると $2\pi i$ になります．これはいわゆる**留数**として生ずる多価性で，楕円関数の周期に対応するものとは種類が違います．この違いをはっきりさせたのがアーベルの研究で，これが C. ヤコービ (1804-51) による 4 重周期の 2 変数有理型関数の発見 (1832 年) につながりました．ワイアシュトラスにしてみれば，高校生時代までの話です．

　それに先立ち，ヤコービは楕円関数論の研究成果をまとめた本「楕円関数論の新しい基礎」(Fundamenta nova thorie functionum ellipticarum, 1829) を著しました．66 の節からなるこの本の第 61 節は「楕円関数は分数関数である．分母と分子にあたる関数 H および Θ について」と題され，ヤコービの研究の到達点をはっきり示しています．これを読むことからワイアシュトラスの楕円関数との人生が始まりました．アーベルやヤコービの活躍に刺激され，ワイアシュトラスはいても立ってもいられない気持ちになったのではないでしょうか．しかしワイアシュトラスの人生の紆余曲折がここから始まりました．当時ワイアシュトラスはボン大学の学生で，父親の意向で財政学と法律学を修めることを求められていましたが，これらには全く手をつけず，幾何学者 J. プリュッカー (1801-68) の授業に出る他は，フェンシングに耽るか，勉強といえばまったく独学で数学ばかりしていたのです．そのためワイアシュトラスは四年の

間に一回も試験を受けませんでした．そんな息子の帰郷を迎えた父親の心情は察するに余りありますが，ワイアシュトラスは自分の天職は数学であるときっぱり父に告げ，それでも高校時代の恩師の忠告には従い，教員検定試験受験資格を取るためミュンスター大学に入学の手続きをとりました (1839 年 5 月 22 日)．その秋には退学して検定試験の準備にとりかかり，翌年抜群の成績で合格したのですが，そのとき提出した論文が 1854 年の出世作の原型です．

ワイアシュトラスの方法

ミュンスター大学で，ワイアシュトラスは C. グーデルマン (1798-1852) の楕円関数の講義に出席し，そこで講じられたベキ級数展開による方法の価値を認め，これに磨きをかけていくことになりました．ベキ級数の基礎理論にワイアシュトラスの目を向けさせたのはグーデルマンの功績といえるでしょう．検定試験のための論文は積分

$$(1) \quad u = \int \frac{dt}{\sqrt{(1-t^2)(1-c^2t^2)}}$$

の逆関数 $\operatorname{sn} u$ に関するもので，アーベルが述べた命題

> $\operatorname{sn} u$ は c の整関数を係数とする u の収束ベキ級数の比である．

を，$\operatorname{sn} u$ およびこれと同種の楕円関数 ($\operatorname{cn} u$, $\operatorname{dn} u$) を整関数の比として表す実際的な手続きを与える事により確か

めたものでした．有理型関数を二つの整関数の比として表す方法は無数にありますが，ワイアシュトラスは楕円関数に対してこれを実行するための一つの標準的な方法を見つけたわけです．1854 年の論文ではこれが一般化されていますが，原理的には非常に簡単で，sn u の場合そのあらましは以下のようになります．

1. (1) より $\dfrac{d^2 \log x}{du^2} = c^2 x^2 - \dfrac{1}{x^2}$.

2. したがって，$x = \dfrac{p}{q}$ とおくと
$$\dfrac{d^2 \log p}{du^2} - \dfrac{d^2 \log q}{du^2} = \dfrac{c^2 p^2}{q^2} - \dfrac{q^2}{p^2}.$$

3. この式は，連立方程式
$$\dfrac{d^2 \log p}{du^2} = -\dfrac{q^2}{p^2},\ \dfrac{d^2 \log q}{du^2} = -\dfrac{c^2 p^2}{q^2}$$
がみたされれば成立する．

4. この微分方程式は，$u = 0$ における初期条件
$$p = 0,\ \dfrac{dp}{du} = 1,\ q = 1,\ \dfrac{dq}{du} = 0$$
のもとで一意的な解を持つ．

　この方法で sn u の分母と分子を求めるとアーベルと同じ結果に達しますが，そのことは既にワイアシュトラスが教員検定試験の論文に書いていたことでした．その事情も知ってリヒェロートは，多分 1851 年に亡くなったヤコービの分まで感激したのでしょう．ちなみに，リヒェロートはヤコービの後任の教授でクレレ・ジャーナルに多くの論文を発表しています．
　このアイディアを一般の多重周期関数に対して実現すること

が，ワイアシュトラスの終生の目標となりました．H. ポアンカレ (1854-1912) の述べるところによれば，ワイアシュトラスの仕事は次の 3 つに要約できます．

1. 解析関数の一般論を，まず一変数の場合，次に二変数の場合，そして n 変数の場合へと段階的に構築していくこと．これは「ピラミッド建設の基礎工事」にあたります．
2. 楕円関数論を詳しく研究し，それを n 変数のアーベル関数論へと一般化しやすい形にすること．
3. 最終的にはアーベル関数自体を「攻略する」こと．

1854 年の論文はこのプログラムを部分的に実行したもので，解析関数の基礎理論をふまえた 1840 年の処女作を一般化して特殊なアーベル関数を攻略したものでした．ワイアシュトラス自身は，1857 年にベルリン学士院の会員に選ばれたときの挨拶で，この構想に至った動機について次のように述べています．

> アーベルは，常に高い見地に立って考えることにしていましたので．楕円積分に関するオイラーの定理と同じ意味を持って，代数関数の積分によって出てくる関数の全部に対してなりたつ定理を建設いたしました．あぶらののり切った時にたおれましたので，自己の大発見を発展させることはできませんでした．しかし，ヤコビ (= ヤコービ) はアーベルの定理で述べられているような性質を持つ多変数周期関数の存在を証明して，これにまさる定理をつけ加えました．これによって，はじめて，アーベルの定理のほんとうの意味と，特有の本質とが明瞭になったわけであります．これ以来，解析学には前例のないまったく新しい量を，実際に表現し，その性質を詳細に研究することが，数学の根

本問題の一つになりました．わたし自身も，それの意味と重要性とがわかると，ただちに，それを追求してみようと，決心したのであります．

小堀憲「大数学者」(ちくま学芸文庫，2010)より

僭越ながら，一見すると尾羽打ち枯らした格好で帰郷した若者がすでにこのような見識を有していたことは，筆者には全く明白に思えます．ところがこの 1857 年に B. リーマン (1826-66) の画期的な論文が発表され，アーベル関数論は新たな局面を迎えました．ワイアシュトラスはリーマンの論文を見て折角まとめた仕事の発表を控えたのですが，それでも自分の方法を捨てることはせず，生涯これを追求しました．1872 年の暮れ頃ですが，ワイアシュトラスの研究が最後の段階に進んだので手紙でリヒェロートに知らせたところ，再び感激したリヒェロートは，明日をも知れぬ重病の身でありながら，ワイアシュトラスに

> 今世紀におけるもっとも大きな問題が取り扱われるにあたり，リーマン，クレブシュ，ゴルダンよりも自然な道を歩まれて，究極のところまで追求していかれることは，大きな意義のある仕事だと，考えています．

と，激励の手紙を書きました（小堀憲　同上）．それでは，「まったく新しい量を表現し，その性質を研究するもっとも大きな問題」の一端にふれるべく，ヤコービの逆問題に移りましょう．

ヤコービの逆問題

代数関数の積分の多価性を統制するアーベルの定理は，当時の数学の水準を大きく超えていたため，ヤコービでさえその本質を理解するのに一定の時間を要したようです．楕円積分の逆関数を一般化するためヤコービが最初に試みたのは，楕円積分の素朴な一般化である**超楕円積分**でした．超楕円積分とは

$$\int_0^x \frac{t^k dt}{\sqrt{P(t)}} \quad (0 \leq k \leq p-1)$$

（ただし $P(t)$ は $2p+1$ 次または $2p+2$ 次の多項式で重根を持たない）という形の積分で，ヤコービの目標はそれらの逆関数の「周期」の研究でした．ところがいくらでも小さい周期が出てくるなど，結果がよくまとまらなくて困りきった後で，アーベルの定理が鍵であるという「天啓のような認識」に至り，$P(t)$ が 6 次式の場合の超楕円積分から 2 変数の 4 重周期関数が生じることを発見しました．そして，その一般化を次の命題にまとめました(1932)．

一般的定理(Theorema generale)

p 個の超楕円積分

(2) $\quad u_k = \sum_{j=0}^{p-1} \int_0^{x_j} \frac{t^k dt}{\sqrt{P(t)}} \quad (0 \leq k \leq p-1)$

$(\deg P = 2p+1 \text{ または } 2p+2)$

に対し，（ベクトル値関数と見て）その逆関数を考える事によって $x = (x_0, x_1, \cdots, x_{p-1})$ を $u = (u_0, u_1, \cdots, u_{p-1})$ の関数とみなすと，$x_0, x_1, \cdots, x_{p-1}$ は p 次の代数方程式の解であり，この方程

式の係数は $u_0, u_1, \cdots, u_{p-1}$ の $2p$ 重周期の一価関数である．

これをふまえて，対応 $u \longrightarrow \{x_0, x_1, \cdots, x_{p-1}\}$ を具体的に記述せよという問題を**ヤコービの逆問題**といいます．たとえば x の基本対称式を(楕円関数の場合に準ずる形で)整関数の比として表すことは，ヤコービの楕円関数論を一般化する立場ではその重要な第一歩と考えられます．また，広い意味で言うなら，ヤコービの逆問題の意図するところは，「分母と分子を見て楕円関数を知る」という見地を一般のアーベル関数にまで押し広げることです．

パリの科学アカデミーはこの問題(狭い意味)を懸賞問題として出題しました(1846)．2変数の場合，この問題は J. ローゼンハイン(1816-87)と A. ゲーペル(1812-47)によってヤコービ流の方法で独立に解かれ，1851年にローゼンハイン(だけ)が賞金を受け取ったのですが，彼らの結果をもっと見通しの良い方法で n 変数まで拡げたのがワイアシュトラスだったわけです．

1854年の論文で，ワイアシュトラスは (2) と本質的に同等な式を
$$P(x) = (x-a_0)(x-a_1)\cdots(x-a_{2p})$$
$$(a \in \mathbf{R}, a_0 < a_1 < \cdots < a_{2p})$$
の場合に調べ，おおよそ次の結果を得ました．

1. $x_0, x_1, \cdots, x_{p-1}$ についての一つの対称式の系列について，それらが u の関数としてみたす微分方程式を求めた．

2. これらの対称式を分数で表し，楕円関数の場合にならって分母と分子がみたす微分方程式を求めた．

3. この微分方程式が $\mathbf{C}^p$ 上の解析関数を解にもつことをふまえて，u の関数としての分母と分子の基本的な性質を

導いた.

この結果を拡げるべく，1857年の論文では $a_0, a_1, \cdots, a_{2p}$ を $\mathbf{C}$ 内の相異なる任意の $2p+1$ 個の点としてこの理論の詳細が書かれています．ところがそれと同じ雑誌の同じ号に出たリーマンの論文では，ヤコービの逆問題はまったく新しい方法によりもっと一般的な形で解決されてしまいました．これを機に，アーベル関数論はヤコービの逆問題を離れ，多変数関数論の特論としての性格を帯びてきます．ワイアシュトラスは生涯アーベル関数から離れることはありませんでしたが，このような事情もあり，以後は多変数の解析関数の基礎理論の建設にも力を注ぐことになりました．1879年に発表された論文「多変数解析関数論に関連する二三の定理」を見ると，その第一頁の脚注に，

> 私はこの定理を1860年以来，繰り返し講義で述べて来た

という文章があるのが目にとまります．この定理についてもいつか述べたいと思いますが，ワイアシュトラスをしのいだリーマンの仕事が出て来たところですから，次章はそこに話題を転じましょう．代数関数の積分の多価性についてのアーベルの定理についても，本章では「そこからヤコービの一般的定理が出てくる何か」でしかありませんでしたが，次章はその内容にまで立ち入って，リーマンの視点から眺めてみることにします.

第 5 章

リーマンの視点

■ ベルリンのリーマン

　アーベル・ヤコービの楕円関数論の延長上でワイアシュトラスが構想したものは，ベキ級数の方法によるアーベル関数論でした．楕円関数は，重根をもたない3次または4次の多項式 $P(\zeta)$ に対する積分

$$(1) \quad z = \int \frac{d\zeta}{\sqrt{P(\zeta)}}$$

の逆関数として発見された2重周期関数でしたが，ヤコービは楕円関数の本質を，それらを整関数の比として表す式を通じて解明しようとしました．この分数は，たとえば三角関数における

$$i \cot z = \frac{e^{iz} + e^{-iz}}{e^{iz} - e^{-iz}}$$

のような式の一般化とみなせるもので，

$$\cos z \cos w - \sin z \sin w$$
$$= \frac{(e^{iz}+e^{-iz})(e^{iw}+e^{-iw})}{4} + \frac{(e^{iz}-e^{-iz})(e^{iw}-e^{-iw})}{4}$$
$$= \frac{e^{i(z+w)}+e^{-i(z+w)}}{2}$$
$$= \cos(z+w)$$

のように指数法則から加法定理が出せるような仕組みが楕円関数にもあるというのが，ヤコービの理論の大まかな筋書きです．

さて，$\cot z$ に関しては

$$\pi \cot \pi z = \frac{1}{z} + \sum \left(\frac{1}{z-n} + \frac{1}{n} \right)$$

(n は 0 でない整数を動く)

のような分解式もあります．いわゆる部分分数分解です．これを微分すると

$$\frac{\pi^2}{(\sin \pi z)^2} = \frac{1}{z^2} + \sum \frac{1}{(z-n)^2}$$

が得られますが，その楕円関数版がワイアシュトラスの $\wp$（ペー）関数

$$\wp(z) = \frac{1}{z^2} + \sum \left(\frac{1}{(z-\omega)^2} - \frac{1}{\omega^2} \right)$$

($\mathbf{R}$ 上線形独立な ω_1, ω_2 に対して ω は

$a\omega_1 + b\omega_2 \neq 0$，$(a, b$ は整数) を動く)

です[*]．数式としての表現が簡単だという意味でなら，$\pi \cot \pi z$, $\dfrac{\pi^2}{(\sin \pi z)^2}$, $\wp(z)$ を基本的な周期関数とみなすこともできます．ワイアシュトラスはこれを 1862 年の講義で導入し

---

[*] $\wp$ は筆記体の al（← Abel）を逆さにしたものだという説があります．

ました．ところがこのような立場の楕円関数論を，G. アイゼンシュタイン (1823-52) が既に 1847 年にベルリン大学で講義していました．ワイアシュトラスがまだ片田舎で地理や習字を教えていた頃です．アイゼンシュタインも有名な数学者で，多項式の既約性条件やある種の級数に名を残しています．たとえば上半平面 $\{z=x+iy;y>0\}$ で収束する級数

$$E_k(z) = \sum_{(m,n)\neq(0,0)} (mz+n)^{-k}$$

（k は偶数で m,n は整数を動く）

はアイゼンシュタイン級数と呼ばれます（Eisenstein $\to E_k$）．講義の出席者の中にリーマンがいました．リーマンは最初，ゲッチンゲン大学に文献学と神学の学生として入学したのですが，ワイアシュトラス同様，天性の資質の棄て難さを父親に訴えて専攻を数学に変更後，最先端の研究にふれるべくベルリンに留学したのでした．ところがこのアイゼンシュタインが反面教師だったようで，リーマンはこのとき，複素変数の関数の本質に関してアイゼンシュタインとは全く異なった考えに到達したのです．それは，解析関数の本性は「z の関数」であるという点です．具体的には，複素数値の関数 $f(z)$ が解析関数であることが，$f(z)$ が「$\bar{z}=x-iy$ を含まない」ことによって特徴づけられることに注目し，微分方程式

$$(2) \quad \frac{\partial f}{\partial \bar{z}} \left(= \frac{1}{2}\left(\frac{\partial}{\partial x} + i\frac{i\partial}{\partial y}\right)f \right) = 0$$

（コーシー・リーマン方程式）

を出発点に複素解析を組み立てるという考えです．リーマンと親しかった R. デデキント (1831-1916) は，1847 年の秋休みにリーマンはこれを徹底的に考察したのであろうと推察しています．

　1851 年の 11 月 14 日，リーマンはゲッチンゲンで「複素一変数関数論の一般論の基礎」と題した学位論文を提出しました．

これをふまえてワイアシュトラスを凌駕した1857年のアーベル関数論が書かれ，リーマンの声望は不動のものになったわけですが，ここで導入された新しい視点の影響はアーベル関数論にとどまらず，ホモロジー群の導入という本格的な位相幾何学の展開にも及んでいます．「解析関数を z の関数と見る」ということだけのことからアーベル関数の攻略へと，リーマンはどのように歩を進めたのでしょうか．その最重要の第一歩は**リーマン面**の導入でした．これこそ1930年代以降大発展した複素多様体上の関数論へとつながるもので，リーマンを語る時には欠かせないものの一つです．しかしリーマン面が**一次元複素多様体**として落ち着くまでの紆余曲折というものもあり，これについて過不足なく語ることは容易ではありません．筆者はかつて四年生向けの卒業研究で及川廣太郎(1928-92)先生の名著「リーマン面」をテキストに使ったことがあり，リーマン面の研究論文もいくつか書きましたが，それでも上手に解説できるかどうか不安になるのがリーマン面です．いずれにせよ，他の機会に補足すべき点が残っているものとして以下をお読み頂ければ幸いです．

リーマン面

アイゼンシュタインの講義によって，すべてを計算技術の改良だけで積み上げていくのは無理だと悟ったリーマンは，新しい出発点を求めます．学位論文の第一節では，「これからの研究では，関数をその表示式とは独立に考察しなければならないので」と基本的な立場が表明された後，方程式(2)が「微分商

$\dfrac{dw}{dz}$ の値が dz の値によらないならば，w は z の関数である」という形で導入されます．これにともなってリーマンは新しい関数論の環境作りを始めます．そして関数の自然な定義域を設定するため，複素平面上に多重に重なった面を導入しました．このリーマンの考えをしばらく追ってみましょう．

解析関数 $f(z)$ を二つの実数値関数 $u(z), v(z)$ を用いて $f(z)=u(z)+iv(z)$ と書いたとき，方程式 (2) は

$$\frac{\partial u}{\partial x}=\frac{\partial v}{\partial y} \quad \text{かつ} \quad \frac{\partial u}{\partial y}=-\frac{\partial v}{\partial x}$$

となり，したがって u, v はラプラスの方程式

$$\frac{\partial^2 u}{\partial x^2}+\frac{\partial^2 u}{\partial y^2}=0, \ \frac{\partial^2 v}{\partial x^2}+\frac{\partial^2 v}{\partial y^2}=0$$

をみたします．種々の物理的平衡状態がこの方程式の解で表現されることから，ラプラスの方程式の解は**調和関数**と呼ばれます．解析関数と調和関数のこのような関係に注意した後，リーマンの論文は次のように進みます．

この方程式は，関数の項 u, v を一つずつ単独に考察するときに現れる諸性質の研究にとって，基礎となるものである．この諸性質のうち重要なものの証明を，関数の詳細な考察に先行させたい．しかしその前に，その研究の基盤整備のために，領域一般に関する二, 三の点を論じてはっきりさせておこうと思う．

笠原乾吉訳
（朝倉書店　数学史選書「リーマン論文集」より）

これに続けて **C** 上の領域（第二章）と似た形で，しかしそれとは異なる思想から導入されたのがリーマン面です．**C** 上の領域の場合，収束ベキ級数というものが先にあってそれを解析関数として可能な限り延長した結果生ずるものと考えるのがワイアシュトラス流でしたが，リーマンは代数関数の積分の研究へ

61

と進むため，個々の関数に先立って，いわば関数を作るための工房としての面を考えました．集合や位相空間の概念が導入される前のことゆえリーマンの表現には苦心の跡が窺えますが，ここでは同じことを別の言葉で言ってみましょう．そのために距離空間について少し補足しておきます．

二つの距離空間 X, Y の間の連続写像は，連続な逆写像をもつとき**同相写像**であるという．X と Y の間に同相写像があるとき，X と Y は**同相**であるという．どの点に対してもそれを含むある開集合（＝近傍）上で同相写像になるような写像を，**局所同相写像**という．X の部分集合 Γ の点 p が**孤立点**であるとは，p が Γ の他の点を含まぬ近傍を持つことをいう．孤立点のみからなる集合を**離散集合**という．

定義 1 距離空間 X から $\mathbf{C}$ への連続写像 π で以下の性質を満たすものが与えられたとき，対 (X, π) は $\mathbf{C}$ 上のリーマン面であるという．

(R) X のどの点 q に対しても，q の近傍 U，自然数 m および同相写像 $\varphi: U \to \mathbf{D} = \{\zeta \in \mathbf{C}; |\zeta| < 1\}$ を適当にとれば，$(\varphi(p))^m = \pi(p) - \pi(q)$ がすべての $p \in U$ に対して成り立つ．

φ を q のまわりの**局所座標**といいます．リーマン面上の関数 f が**解析関数**であるとは，任意の局所座標 φ に対して $f \circ \varphi^{-1}$ が変数 ζ に関して解析関数であることをいいます．$\mathbf{C}$ の座標関数 z はこの意味で X 上の解析関数になります．また，X はいくつかの断片（＝**連結成分**）からなることを許していますが，**連結**であること，すなわち任意の 2 点が曲線で結べることが（暗黙裏に）仮定されることがあります．連結なリーマン面 X を

いくつかの曲線 (**切断線**) に沿って切り開き，D と同相なリーマン面を作ることができます．X^* でそのようなものの一つを表します．条件 (R) において $m \geq 2$ となる点，または π によるそれらの像を**分岐点**と呼びます．分岐点全体の集合 Γ は離散集合であり，$\pi|X-\Gamma$（π の定義域を $X-\Gamma$ に制限したもの）は局所同相写像になります．π が何を指すかが明らかな状況では π を省略し，単に「X は $\mathbf{C}$ 上のリーマン面である」と言います．$\Gamma = \emptyset$ であるようなリーマン面は (いくつかの) $\mathbf{C}$ 上の領域です．代数関数の積分との関連ですが，たとえば超楕円積分の場合なら X として $\{(z,w); w^2 = P(z)\}$ をとり，π として z 平面への射影をとれば (X, π) はリーマン面となり，その分岐点は P の根になります．

$w^2 = P(z)$ を一般の代数的関係に置き換えても基本的には同様です．つまり二変数の多項式 $F(z, w)$ の零点集合 $X_F := \{(z,w) \in \mathbf{C}^2; F(z,w) = 0\}$ はほとんどリーマン面です．たとえば $F(z,w) = z^2 - w^2$ のとき，$X_F = \{z = w\} \cup \{z = -w\}$ となり X は点 $(0,0)$ において条件 (R) をみたしませんが，立体交差の影の類似で $\{z = w\}$ と $\{z = -w\}$ を引き離して考える事によりリーマン面とみなすことができます．$F(z,w) = z^2 - w^3$ だとどうすればよいかなど，ここには面白い問題がありますが，それはまた別の機会にしましょう．

リーマンの目標は代数関数の積分の理解にあったので，関数論をこのように複素平面上に何重にも重なった面上で展開する必要がありました．X_F のような，いわゆる $\mathbf{C}$ 上の代数曲線がそのモデルですが，そこから出発しなかったのは，「関数をその表示式とは独立に考察しなければならない」立場からは当然であったでしょう．しかしながらこのために，X_F の場合に自明

な事柄が一般のリーマン面上では必ずしもそうではなくなります．たとえば X_F の二点を分離する解析関数の存在は，z だけでなく w も X_F 上の解析関数であることからほぼ自明ですが，一般のリーマン面上でこれを示すには，微分方程式を境界条件つきで解く必要があります．実際，このためにリーマンが拠り所としたのは，リーマン面の境界が孤立点と区分的に滑らかな曲線から成る場合（厳密な定義は省く）に限って述べられた次の定理でした**．

定理 1　リーマン面 X 上の関数 f が
$$\int \left|\frac{\partial f}{\partial \bar{z}}\right|^2 dxdy < \infty$$
をみたせば，X^*（62頁参照）上の関数 $g = u + iv$（u, v は実数値）で
$$\int \left(\left|\frac{\partial g}{\partial z}\right|^2 + \left|\frac{\partial g}{\partial \bar{z}}\right|^2\right) dxdy < \infty$$
をみたし，u は X の境界上で孤立点を除いて 0 であり，v の微分は切断線に沿って連続，かつ $f - g$ は X 上で実部が一価な解析関数となるものが，X^* の一点での g の値の任意性を除けば一意的に存在する．

これこそリーマン面上の関数論の急所を突いた素晴らしい命題です．今風に言うなら，解析関数が L^2 空間内で $\bar{\partial}$（ディーバー）方程式を解いて作れるという主張です．残念にもリーマンの証明には欠陥がありましたが，半世紀をへて D. ヒルベルト (1862-1943) により補完され，強力な方法として見事に息を吹き返しました．その結果，分岐点を許した **C** 上の領域とし

**　ただし記号法は原文とは違います．

てのリーマン面に代わって登場したのが1次元複素多様体で，現在はこちらをリーマン面と呼んでいます．この形の理論はH. ワイル (1885-1955) の名著「リーマン面の概念」で確立され，これにより複素解析は面目を一新しました．次節では，かつてヤコービに天啓を与えたアーベルの定理をこの言葉で述べてみることにしましょう．

閉リーマン面上のアーベルの定理

多様体の概念は「n 方向に広がった量の概念」(Begriff einer n fach ausgedehnten Grösse) としてリーマンの「幾何学の基礎をなす仮説について」という論文 (1854) で導入されたものであり，これについても私たちはリーマンに多くを負っていますが，ここでは単刀直入に複素多様体の定義から始めましょう．

定義2 距離空間 X が **n 次元複素多様体**であるとは，X の開集合族 $\{U_\lambda; \lambda \in A\}$ (A はある集合) と $\mathbf{C}^n$ の領域 D_λ への同相写像 $\varphi_\lambda : U_\lambda \to D_\lambda$ があり，$X = \cup U_\lambda$ をみたし，かつ $U_\lambda \cap U_\mu \neq \emptyset$ ならば $\varphi_\lambda \circ \varphi_\mu^{-1}$ は $\varphi_\mu(U_\lambda \cap U_\mu)$ 上で（ベクトル値の）解析関数であることをいう．U_λ を**座標近傍**，$(U_\lambda, \varphi_\lambda)$ を**チャート**，$\{(U_\lambda, \varphi_\lambda); \lambda \in A\}$ を**アトラス**という．

複素多様体上の各点に対し，そのまわりの局所座標をリーマン面の場合にならって定義します．上の φ_λ も局所座標と呼び，値域の変数と同一視して z_λ 等で表すことがあります．

> **定義 3** 複素多様体 X, Y の間の連続写像 f は, X, Y の局所座標 φ, ϕ に対して $\phi \circ f \circ \varphi^{-1}$ が (定義域が空でない限り) 解析関数であるとき, **解析的**であるという. 解析的な写像を**正則写像**ともいう.

解析的な同相写像で逆写像も解析的なものを**双正則写像**といいます. $\mathbf{C}^n$ 上の領域は自明な意味で複素多様体です. X から Y への双正則写像があるとき, X と Y は(互いに)同型であるといいます. $\mathbf{C}$ と $\mathbf{D}$ は同相ですが同型ではありません. $\mathbf{C}$ に一点をつけ加えて球面にしたものは, $\mathbf{C}-\{0\}$ からそれ自身への双正則写像 $z \to w = \dfrac{1}{z}$ によって二つの複素平面を貼り合わせて得られると考えると複素多様体になります. $w = 0$ に対応する点を $z = \infty$ で表します. この複素多様体を**リーマン球面**と呼びます. リーマン球面を点の集合として表すときは $\hat{\mathbf{C}} = \mathbf{C} \cup \{\infty\}$ という記号を使います. 球面に複素多様体の構造を入れる仕方は同型を除いて一通りであり, 平面に入る複素多様体の構造は $\mathbf{C}$ と $\mathbf{D}$ の二通りであることが知られています (ケーベの一意化定理). おっとこれは寄り道でした. ここからはまっしぐらにアーベルの定理まで行きます.

> **定義 4** 一次元複素多様体を**リーマン面**という. 距離空間として完備であり有限な直径を持つリーマン面を**閉リーマン面**という.

ただし距離空間の直径とは二点間の距離の上限をいいます.

> **定義5** リーマン面 X 上の**有理型関数**とは X から $\hat{\mathbf{C}}$ への正則写像をいう．有理型関数に対し，0 の逆像を**零点**といい，∞ の逆像を**極**という．点 p が有理型関数 f の零点（または極）であるとき，局所座標を使って f をベキ級数として表したものの係数が $m-1$ 次以下で 0 であり，m 次の係数が 0 でなければ，p は f の m **位の零点**（**または極**）である，または f の p での**位数**は m であるという．

有理型関数 f の極と零点をあわせたものを f の**因子**といい，整数係数の形式的な和 $\sum m_k p_k$ で表します．m_k は整数で，m_k が正なら p_k は f の零点でその位数は m_k，負なら p_k は極でその位数は $-m_k$ であるように書くことにします．p_k に特に条件をつけない形式和 $\sum m_k p_k$ を X 上の**因子**といい，$\sum m_k$ をその**次数**といいます．有理型関数の因子を特に**主因子**と呼びます．

> **定義6** リーマン面 X 上の**正則微分**とは，各座標近傍 U_λ 上に与えられた解析関数からなる関数系 $\{f_\lambda; \lambda \in \mathbf{N}\}$ で，$U_\lambda \cap U_\mu$ 上で関係式
>
> $$(3) \qquad f_\lambda = f_\mu \cdot \left(\frac{dz_\mu}{dz_\lambda}\right)$$
>
> をみたすものをいう（z_λ は局所座標）．

形式的な積 $f_\lambda dz_\lambda$ を考えると (3) は $f_\lambda dz_\lambda = f_\mu dz_\mu$ となるので，正則微分は $f_\lambda dz_\lambda$ を X 全体にわたってつなげたものとみなせます．その意味で，$f_\lambda dz_\lambda$ を ω などの一つの文字で表すことにします．X 上の正則微分全体の集合は $\mathbf{C}$ 上のベクトル空間になります．解析関数は局所的に原始関数を持ちますから，

正則微分を向きのついた曲線にそって積分することができ（局所的には f_λ の原始関数の端点での値の差），しかもその値は積分路を端点を固定したまま連続的に変形しても変わりません．ここで位相幾何が複素解析にからんできます．たとえば，閉リーマン面上の主因子の次数は 0 になることが，このような考察から容易にわかります．次数が 0 の因子が主因子になるための条件を記述するのがアーベルの定理です．そのために，閉リーマン面をドーナツをいくつかつなげたものの表面とみなしたときの「穴の数」が必要になります．この数を**種数**といいます．しかし穴の数というものは見やすい位置からでないと数えにくいものなので，種数の定義は次のようにします．

定義 7 閉リーマン面 X の種数が g であるとは，X 内の部分集合 $C_1, C_2, \cdots, C_g$ で，各 C_j は円周と同相であり，互いに交わらず，かつ以下の条件をみたすものがあることをいう．

1) $X - \bigcup_{j=1}^{g} C_j$ は連結である．

2) 円周と同相な部分集合 C がどの C_j とも交わらなければ $X - \cup C_j - C$ は連結ではない．

X の部分集合のうち円周と同相なものを考え，それをどちらかに一周する向きをつけたものを**ループ**と呼ぶことにします．初等的な議論により，種数が g のリーマン面を一点でのみ交わる $2g$ 個のループに沿って切り開き，**C** 内の $4g$ 角形の内部へと同相に写像することができます．その際，各ループは二つの側に応じて二つの辺に写像されていますが，その対応を考慮してこの $4g$ 角形の辺を左回りに $\alpha_1, \beta_1, \alpha_1^{-1}, \beta_1^{-1}, \alpha_2, \beta_2, \alpha_2^{-1}, \beta_2^{-1}, \cdots, \alpha_g, \beta_g, \alpha_g^{-1}, \beta_g^{-1}$ と並べます．α_1^{-1} は辺の向きが **X** 内のループと

しての α_1 の向きと逆であることを表します．X をこのように切り開いたときのループ $\alpha_1, \beta_1, \alpha_2, \beta_2, \cdots, \alpha_g, \beta_g$ を固定します．ここから「微分方程式を解く」という谷間を一挙に飛び越えて，一旦

> **定理 2** 閉リーマン面の種数はその上の正則微分のなすベクトル空間の次元に等しい．

を認めましょう．これをふまえて種数が g の閉リーマン面 X 上に線形独立な g 個の正則微分 $\omega_1, \omega_2, \cdots, \omega_g$ を用意し，$2g$ 個のベクトル

$$\left(\int_{\alpha_k}\omega_1, \int_{\alpha_k}\omega_2, \cdots, \int_{\alpha_k}\omega_g\right) \ (k=1,2,\cdots,g)$$

$$\left(\int_{\beta_k}\omega_1, \int_{\beta_k}\omega_2, \cdots, \int_{\beta_k}\omega_g\right) \ (k=1,2,\cdots,g)$$

を $\mathbf{C}^g$ 内にとり，これらで張られる**格子**(**Z** 係数の線形結合)を Λ とします．上のベクトルたちを並べて作った $2g \times g$ 行列を Ω と書くと，$\Lambda = \mathbf{Z}^{2g}\Omega$ となります．（ここでは $\mathbf{Z}^{2g}$ の要素を横ベクトルと見ています．）Ω (またはその転置行列)を**周期行列**と言います．Λ は ($\alpha_k, \beta_k, \omega_k$ の取りかたによるものの) X 上の代数関数の積分の多価性の主要な部分を表現する基本的な加法群(=可換群)です．加法群の構造はアーベルの代数方程式論にも現れ，そのため加法群はよく**アーベル群**と呼ばれます．

69

> **定理3（アーベルの定理）** 閉リーマン面 X 上の因子 $\sum m_k p_k$ が主因子であるための必要十分条件は，$\sum m_k = 0$ でありかつ
> $$\left(\sum m_k \int_q^{p_k} \omega_1, \sum m_k \int_q^{p_k} \omega_2, \cdots, \sum m_k \int_q^{p_k} \omega_g\right)$$
> （q は X の任意の点で，q と p_k を X 上で結ぶ積分路は ω_j によらない）
> がつねに Λ に属することである．

定理3は $\mathbf{C}^g$ を加法群として Λ で約したものが次数 0 の因子のなす加法群を主因子群で約したものに同型であることを言っているので，まさに代数関数の多価性の本質を突く定理であると言えましょう．ヤコービが見抜いたように，代数関数の積分の多価性の本質が多変数の有理型関数の周期であることを，定理3は端的に示しています．また，代数関数はその零点と極に応じて素因子の積に分解するという**リーマンの分解定理**がありますが，これも定理3をふまえています．私事にわたって恐縮ながら，筆者はかつて西野利雄 (1931-2005) 先生のセミナーで「アーベルの定理を知らずに多変数関数論をやってもしかたがない」というご注意を受けました．今にして思えば，これは岡潔が解いた問題の一つが定理3に端を発しているという指摘でもありました．

さて，ここから順に進むとすれば次はリーマンの1857年のアーベル関数論ということになりますが，さすがにそれは筆者には荷が重く，この辺で一旦は解析関数の一般論へと話を戻したいと思います．そのために，次章は線積分の定義まで戻り，コーシーの積分定理について述べましょう．これこそが複素解析で最重要とされる定理で，複素平面上のみならず，リーマン面上の積分路というものの有用性を決定づけています．言うまでもなく定理3もこれをふまえた結果であり，コーシーの定理抜きで関数論をこれ以上語っても本当にしかたがありません．

第6章

積分路の開拓者

　複素解析の父である A.-L. コーシー (1789-1857) は，ガウスやワイアシュトラスらと並んで厳密科学としての数学の基盤作りに功績のあった数学者として知られます．ガウスといえば**代数学の基本定理**，ワイアシュトラスといえば**有界閉区間のコンパクト性**，そしてコーシーといえば**収束の判定条件**がこの方面では有名ですが，複素解析においては 1825 年の論文

　Mémoire sur les intégrales definies prises entre des limites imàginaires （虚数を端点とする定積分についての研究報告）

によって，コーシーが創始者としての地位を保っています．1989 年，ルーマニアの首都ブカレストで複素解析の大きな研究集会が開かれました．日本からも筆者を含めて 10 名程の参加者がありました．筆者にとって，このときルーマニアの若き俊才たちの知遇を得たことは大きな財産になりましたが，大会委員長の開会の辞が「コーシー以来の伝統ある複素解析」で始まったことも，記憶に鮮やかです．「コーシー以来の」は，上の論文で**コーシーの積分定理**が確立されたことによるのですが，意外にもその動機はリーマンのように「複素変数 z の関数としての解析関数」を理解するためではなかったことが，序文に書か

れた次の文章から窺われます．

> 積分区間上で関数値が ∞ になる点があると広義積分は無限の値を取り得るが，その中で主値積分という注目すべきものがある．（私は）1822 年にこれについて論じたが，この主値積分についての考察が，1814 年に初めて論じた特異積分と共に，定積分の値を求めたり，少なくともその形を変換するのに有用な，多数の一般的公式を確立するのに十分であることが判明した．

主値積分とはたとえば $\lim_{\varepsilon\to +0}\left(\int_{-1}^{-\varepsilon}\dfrac{dx}{x}+\int_{\varepsilon}^{1}\dfrac{dx}{x}\right)$ の形の極限のことで，オイラー等による種々の定積分の計算を厳密な基礎の上に統一的に論じるために，このような考察を要したのです．

コーシー・リーマン方程式は，1814 年の論文 Mémoire sur les intégrales définies （定積分についての研究報告）に書かれています．しかし $u_x = v_y, u_y = -v_x$ について

> この二つの方程式は実から虚への移行の全理論を含む．

と大見得を切っているわりには，ここではリーマンのように解の存在条件等について詳しく研究しているわけではありません．とはいえ，コーシーは複素変数についての微分可能性（＝**正則性**）の意味をここで初めて確立し，1825 年の論文では不滅の基本公式を発見していますので，複素解析の父といえばやはりコーシーでしょう．

コーシーが生まれたのはフランス革命の年でしたが，この革命のあおりで「近代化学の父」と呼ばれる A. ラボアジェ (1743-94) を含む多くの人材が政府と共倒れのような形で処刑されてしまい，コーシーの世代の教育には特段の注意が払われたようです．コーシーの父親の友人で高官でもあった大数学者 P.-S. ラプラス (1749-1828) や，J.-L. ラグランジュ (1736-1813) らに見

守られて，コーシーは早くから才能を発揮しました．コーシーという人は一口で言うなら科学貴族です．科学院会員という，学者として最高の地位に27才で就き，長年にわたりフランス科学界に君臨しました．政変で亡命して帰国した際，新体制への忠誠の宣誓を拒否したことでも知られます．そのためしばらく失職していましたが，科学者でもあったナポレオン三世の計らいで名誉を回復し，ソルボンヌ大学で教鞭を取ることを許されました．エッフェル塔に名前を刻まれた72名の科学者の一人でもあります．全26巻（第I部12巻，第II部14巻）の広範な論文集を遺し，晩年は慈善事業にも熱心だったそうで，筆者にとってはニュートンやガウスと同様，偉すぎて近づき難い人物の一人です．

真理への近道

三角関数や指数関数の延長上に楕円関数があるという発見は，代数関数の積分に対する新しい興味を引き起こし，ヤコービらをへてワイアシュトラスやリーマンによる深い研究につながりましたが，アーベルの定理に見られるように，リーマン面上の曲線に沿う積分を考えることが理論展開のポイントになっています．これを基礎づけているのがコーシーの積分定理とその系であるコーシーの積分公式です．これらは実に応用が広く，かつて素数定理

$$\lim_{x\to\infty}\frac{\pi(x)\log x}{x}=1$$

$$(\pi(x):=\#\{p;p は素数で p\leq x\})$$

の証明で積分定理を用いた J. アダマール (1865-1963) は

　　実数の真理を結ぶ最短経路は複素平面を通る

と言いました．以下ではコーシーの積分定理とその代表的な応用例をあげた後，この方向で関数の積分表現の話にふれたいと思います．

積分定理と積分公式

D を $\mathbf{C}$ 内の領域とし，f を D 上の $\mathbf{C}$ 値連続関数とします．D 内の 2 点 p, q を結ぶ積分路，すなわち C^1 級の（= 導関数が連続な）写像 $\gamma:[a,b]\to D$ で $\gamma(a)=p$, $\gamma(b)=q$ をみたすものに対し，線積分 $\int_\gamma f(z)dz$ は区間上の積分 $\int_a^b f(\gamma(t))\gamma'(t)dt$ によって定義されます．

例　C で曲線 $e^{i\theta}$ ($\theta\in[0,2\pi]$) を表すとき，整数 n に対し
$$\int_C z^n dz = \begin{cases} 0 & n\neq -1 \\ 2\pi i & n=-1. \end{cases}$$

以後，$\int_C$ を $\int_{|z|=1}$ とも書きます．ちなみに，多価関数 $z \to \int_1^z \frac{d\zeta}{\zeta}$ は，$\mathbf{C}-\{0\}$ の「普遍被覆面」から $\mathbf{C}$ への同相写像と見なせ，被覆変換群と $z \to ez$ の持ち上げで生成される群と格子群 $\{m+2n\pi i\,;\,m,n\in\mathbf{Z}\}$ との同型を与えます．これが等式 $e^{\pi i}=-1$ の一つの解釈です．

線積分の定義が

$$\lim_{|\Delta|\to 0}\sum_{j=1}^{n}f(\gamma(\xi_i))(\gamma(\xi_j)-\gamma(\xi_{j-1}))$$

$$(a=\xi_0<\xi_1<\cdots<\xi_N=b,\ \Delta=\{\xi_j;0\leqq j\leqq N\},$$

$$|\Delta|=\max|\xi_j-\xi_{j-1}|)$$

でもよいことから，折れ線で近似できる曲線へと線積分の定義を拡げることができますが，しばらくは，積分路としては有限個の点を除いて C^1 級かつ $\gamma'(t)\neq 0$ であるものに話を限ります．それらを (向きづけられた) **区分的に滑らかな曲線**といいます．

$\int f(\gamma(t))|\gamma'(t)|dt,\ \int f(\gamma(t))\overline{\gamma'(t)}dt$ をそれぞれ $\int f(z)|dz|,\ \int f(z)d\overline{z}$ で表します．定義より明らかに

$$\left|\int_\gamma f(z)dz\right|\leqq \int_\gamma |f(z)||dz|,$$

$$\overline{\int_\gamma f(z)dz}=\int_\gamma \overline{f(z)}d\overline{z}$$

が成り立ちます．$\int_{|z|=\varepsilon}|dz|=2\pi\varepsilon$ なので，$\alpha>-1$ ならば $\varepsilon\to 0$ のとき

$$\left|\int_{|z|=\varepsilon}z^\alpha dz\right|\leqq \int_{|z|=\varepsilon}\varepsilon^\alpha |dz|=2\pi\varepsilon^{1+\alpha}\longrightarrow 0$$

となります．この事実はよく用いられます．

　リーマン面上の線積分も，連続な係数を持つ1形式 $fdz+gd\overline{z}$ および $h|dz|$ に対して同様に定義されます．以下の話は簡単のため $\mathbf{C}$ 内の領域に限って述べますが，リーマン面上でも同様です．

　曲線 $\gamma:[a,b]\longrightarrow D$ は $\gamma(a)=\gamma(b)$ のとき閉曲線と呼ばれま

す．閉曲線に沿う線積分として楕円関数の周期が発見されたのでした．D に含まれる有界領域 G があり，G の境界 ∂G が D に含まれ，かつ区分的に滑らかな閉曲線 $\gamma_1, \cdots, \gamma_m$ から成っているとき，$\sum_{j=1}^{m} \int_{\gamma_j} f(z) dz$ を $\int_{\partial G} f(z) dz$ で表します．ただし γ_j の向きは G の内部を左手に見るようにつけます．このとき次が成立します．

> **定理 1（コーシーの積分定理）** D, f, G は上の通りとし，さらに f は $\overline{G}(= G \cup \partial G)$ 上で C^1 級で $\dfrac{\partial f}{\partial \overline{z}} = 0$ をみたすとき
> $$\int_{\partial G} f(z) dz = 0.$$

証明 $G = \{z ; a < \mathrm{Re}\, z < b \text{ かつ } c < \mathrm{Im}\, z < d\}$ のとき

$$\int_{\partial G} f(z) dz = \int_0^1 f(a + x(b-a) + ic)(b-a) dx$$
$$+ \int_0^1 f(b + ic + iy(d-c)) i(d-c) dy$$
$$- \int_0^1 f(a + x(b-a) + id)(b-a) dx$$
$$- \int_0^1 f(a + ic + iy(d-c)) i(d-c) dy$$
$$= \int_G (if_y + f_x) dx dy = 0.$$

一般の G に対しても同様．（ストークスの公式を用いれば $\int_{\partial G} f dz = \int_G d(f dz) = \int_G \overline{\partial} f \wedge dz = 0$ でおしまい．） □

$\overline{\partial} f$ は $\dfrac{\partial f}{\partial \overline{z}} d\overline{z}$ を短く書いたもので，これは局所座標の取り

方によらないものなので表記法として便利です．$\bar{\partial}$ は「ディーバー」と読みます．$\bar{\partial}f$ は $\overline{(\partial \bar{f})}$ の意味ですが，読み方は df（ディーエフ）と区別するため「デルエフ」が普通です．聞くところによれば，$\bar{\partial}$ を初めて用いたのは結び目理論でも有名なウィーン大学の W. ヴィルティンガー (1865-1945) でした．1995 年 1 月ウィーン大学を初めて訪れた筆者は，当時助教授だった F. ハスリンガー (1952-) 氏にこのことを教わりました．そのときハスリンガー氏は「週に 6 コマです」(1 コマ = 50 分) と言いながら複素解析の講義ノートを見せてくれました．ハスリンガー氏はその後教授になり，最近会った時は $\bar{\partial}$ の話を繰り返した後，近々講義録を出版予定だと教えてくれました．その本にもまるで判を押したようにコーシーの積分定理が書かれているのでしょう．ちなみに，この手のテキストとしては日本では吉川實夫の「函数論」(1913) が最初です．

定理 1 の系（コーシーの積分公式）

D, f, G を定理 1 の通りとするとき，G 内の任意の点 z に対して

$$f(z) = \frac{1}{2\pi i} \int_{\partial G} \frac{f(\zeta)}{\zeta - z} d\zeta$$

証明　$\varepsilon > 0$ に対して $G_\varepsilon = \{\zeta \in G ; |\zeta - z| > \varepsilon\}$ とおくと，ε が十分小なら ∂G_ε は ∂G と円 $|\zeta - z| = \varepsilon$ の非交和なので定理 1 より $\int_{\partial G_\varepsilon} \frac{f(\zeta)}{\zeta - z} d\zeta = 0$．従って

$$\int_{\partial G} \frac{f(\zeta)}{\zeta - z} d\zeta = \int_{|\zeta - z| = \varepsilon} \frac{f(\zeta)}{\zeta - z} d\zeta.$$

$\varepsilon \to 0$ のとき右辺 $\to 2\pi i f(z)$ となるので求める結論が得られる．　□

方程式 $\bar{\partial}f=0$ をみたす C^1 級の関数を**正則関数**といいます．

> **定理2**　正則関数は解析的である．

証明　定理1の状況でさらに $0\in G=\mathbf{D}$ とし，f が 0 の近傍で解析的であることが言えれば十分．このとき $|z|<1$ ならば

$$2\pi i f(z) = \int_{|\zeta|=1}\frac{f(\zeta)}{\zeta-z}d\zeta = \int_{|\zeta|=1}\frac{f(\zeta)}{\zeta}\frac{1}{1-\frac{z}{\zeta}}d\zeta$$

$$= \int_{|\zeta|=1}\frac{f(\zeta)}{\zeta}\sum_{n=0}^{\infty}\left(\frac{z}{\zeta}\right)^n d\zeta = \sum_{n=0}^{\infty}z^n\int_{|\zeta|=1}\left(\frac{f(\zeta)}{\zeta^{n+1}}\right)d\zeta. \qquad \square$$

　この辺の話は，世界中の大学ですでに100万回以上は繰り返し教えられていることと思われますが，ことほど左様に正則関数の解析性は基本中の基本です．以後，D 上の正則関数の集合を $\mathcal{O}(D)$ で表します．$\mathbf{C}$ 値 C^r 級関数の集合を $C^r(D)$ $(0\le r\le\infty)$ で表します．定理2より

$$\mathcal{O}(D)=\{u\in C^1(D);u_x=v_y,\ u_y=-v_x\}\subset C^{\infty}(D)$$

です．正則性による解析性の特徴づけは，リーマンの理論では特に面上の存在定理において重要だったわけですが（L^2 理論），その他に，調和関数が局所的に正則関数の実部であることを

$$\partial\bar{\partial}u=0 \Rightarrow u(z)-u(p)=\int_p^z du = 2\,\mathrm{Re}\int_p^z \partial u$$

のように簡単に検証できることも一つの利点です．

　コーシーとリーマンは，D 内の各点 z で複素微係数 $f'(z):=\lim_{h\to 0}\dfrac{f(z+h)-f(z)}{h}$ を持つような $f(z)$ が $\bar{\partial}f=0$ を

みたすことを示しましたが，E. グルサ (1858-1936) は 1884 年と 1900 年の論文で，$f'(z)$ の存在だけから $f(z)$ の正則性を (二通りの方法で) 示しました．その中で，特に次のステップが有名です．

定理 1'（コーシー・グルサの積分定理）

D 内の各点で $f'(z)$ が存在するような f と
$R := [a, b] \times [c, d] \subset D$ に対し，$\int_{\partial R} f(z) dz = 0$．

この証明は，[T] や [A] などの標準的なテキストに非常に明快に書かれていますので，ぜひ一度御精読ください．

留数定理とその応用

$f \in \mathcal{O}(D - \{p\})$，$p \in D$ のとき p は f の孤立特異点であるといいます．このとき次の 3 つの場合が起こりえます．

1) $\limsup_{z \to p} |f(z)| < \infty$

2) $\limsup_{z \to p} |f(z)| = \infty$

3) それ以外

1) のとき，実際には $\lim_{z \to p} f(z)$ が存在し，f を p まで正則関数として拡張することができます．これはコーシーの積分公式を用いて次のように簡単に証明できます．

証明 $p\in G$, $\overline{G}\subset D$ かつ ∂G は C^1 級とし，$G_\varepsilon=\{z\in G;\ |z-p|>\varepsilon\}$ ($\varepsilon>0$) とおくと，$\limsup_{z\to p}|f(z)|<\infty$ より，$z\in G-\{p\}$ のとき

$$f(z)=\lim_{\varepsilon\to 0}\frac{1}{2\pi i}\int_{\partial G_\varepsilon}\frac{f(\zeta)}{\zeta-z}d\zeta=\frac{1}{2\pi i}\int_{\partial G}\frac{f(\zeta)}{\zeta-z}d\zeta.$$

よって右辺は G 上への f の正則な拡張であり，

$$\lim_{z\to p}f(z)=\frac{1}{2\pi i}\int_{\partial G}\frac{f(\zeta)}{\zeta-p}d\zeta. \qquad \square$$

この意味で，このとき p は f の**除去可能特異点** (removable singularity) であると言います．孤立特異点の除去可能性条件としては, 1) の他に L^2 条件によるものが重要ですが，それはまた別の機会に述べましょう．

2) のとき，p は $\dfrac{1}{f}$ の除去可能特異点になり，従って

$$\limsup_{z\to p}|(z-p)^m f(z)|<\infty$$

となるような最小の自然数 m が定まります．このとき p は f の**極**であると言い，m を極の位数と言います．f をリーマン球面への正則写像として p まで拡張した時の極の定義と実質的に同じです．離散集合 $\Gamma\subset D$ に対し $f\in\mathcal{O}(D-\Gamma)$ であり，Γ のすべての点が f の極であるとき，f を D から $\hat{\mathbf{C}}$ への正則写像とみなし，D 上の**有理型関数**と言います．

3) のとき，p を f の**真性特異点**と言います．有理型関数の真性特異点の定義も同様です．

例 $e^{\frac{1}{z}}\in\mathcal{O}(\mathbf{C}-\{0\})=\mathcal{O}(\hat{\mathbf{C}}-\{0,\infty\})$ であり，0 と ∞ は $e^{\frac{1}{z}}$ の

真性特異点．

> **定理 3（ピカールの大定理）** f が $D-\{p\}$ 上有理型で p が f の真性特異点ならば
> $$\#(\hat{\mathbf{C}}-f(D-\{p\})) \leq 2.$$

これは深い定理ですが，楕円モジュラー関数 $\lambda(z)$（第 8 章）と前頁で証明したことを用いれば簡単に示せます．

> **定義** p が f の孤立特異点のとき，
> $$\frac{1}{2\pi i}\lim_{\varepsilon\to 0}\int_{|\zeta-p|=\varepsilon}f(\zeta)d\zeta$$
> を p における f の**留数**（residue）と言い，$\mathrm{Res}(f,p)$ で表す．

便宜上，p の近傍で f が正則のとき $\mathrm{Res}(f,p)=0$ と置きます．

> **定理 4（留数定理）** $f\in\mathcal{O}(D-\Gamma)$ とする（Γ は D 内の離散集合）．G は D に含まれる有界領域で，∂G は区分的に滑らかであり，かつ $\partial G\cap(\Gamma\cup\partial D)=\varnothing$ とする．このとき
> $$\int_{\partial G}f(z)dz=2\pi i\sum_{p\in\Gamma}\mathrm{Res}(f,p).$$

証明はコーシーの積分公式と同様です．リーマン面上では有理型関数を係数とする微分の留数を考えるのが自然で，0 でない有理型関数 f に対して $\dfrac{df}{f}$ に留数定理を適用することにより，f の零点の位数の和と極の位数の和が等しいことが言えます．このような留数のはたらきに目を付けて多様な双対性を

統一的に理解する枠組みを作ったのが A. グロータンディーク (1928-2014) でした ($cf.$ [H]).

定理 4 を用いていくつかの定積分を計算することができることも，物理や工学への応用上大きな意味のあることです．たとえば

$$\int_{-\infty}^{\infty} \frac{dx}{1+x^4} = \lim_{R \to \infty} \left(\int_{-R}^{R} \frac{dx}{1+x^4} \right) + \int_{|z|=R, \text{Im} z > 0} \frac{dz}{1+z^4}$$

$$= 2\pi i \{ \text{Res}((1+z^4)^{-1}, e^{\frac{\pi i}{4}}) + \text{Res}((1+z^4)^{-1}, e^{\frac{3\pi i}{4}}) \}$$

$$= 2\pi i \left(\frac{e^{-\frac{3\pi i}{4}}}{4} + \frac{e^{-\frac{\pi i}{4}}}{4} \right)$$

$$= \left(\frac{\pi i}{4} \right)(e^{\frac{5\pi i}{4}} + e^{-\frac{\pi i}{4}}) = \frac{\sqrt{2}}{2}\pi$$

などです．この種の計算例として，他にも

$$\int_{-\infty}^{\infty} \frac{\sin x}{x} dx = \pi \text{ や } \int_{-\infty}^{\infty} \frac{x^{-a}}{1+x} dx = \frac{\pi}{\sin a\pi} \ (0 < a < 1) \text{ などが}$$

有名ですが，詳しくは [A] や [T] などをご参照ください．ちなみに，この 3 つの定積分の計算にはじめて成功したのはオイラーでしたが，上の方法はオイラーの計算よりはるかに一般的で簡明です．(オイラーの計算も自然な発想によるものですが．)

■ 平均値の性質とポアソンの公式

コーシーの積分公式より，$f \in \mathcal{O}(D)$, $c \in D$, $\{z; |z-c| \leq r\} \subset D$ ならば $f(c) = \frac{1}{2\pi i} \int_{|\zeta - c|=r} \frac{f(\zeta)}{\zeta} d\zeta$ が成り立ちます

が，この式は線積分の定義より $f(c)=\dfrac{1}{2\pi i}\int_0^{2\pi}f(c+re^{i\theta})d\theta$
と同じですから，f の円周上の平均値が中心での値に等しいことを示しています．このとき f は c で**平均値の性質を持つ**と言います．上式の両辺の実部をとれば，調和関数も定義域の各点で平均値の性質を持つことがわかります．また，この性質が関数の調和性を特徴づけることも言えます．なぜなら，原点からの距離のみに依存する滑らかな確率密度関数 $\chi(\zeta)$ $(\chi\geq 0,\ \int_{\mathbf{C}}\chi dxdy=1)$ で $|\zeta|>1$ のとき $\chi(\zeta)=0$ をみたすものに対し，u が平均値の性質を持てば

$$u(z)=u_\varepsilon(z):=\varepsilon^{-2}\int_{\mathbf{C}}u(\zeta)\chi\left(\frac{\zeta-z}{\varepsilon}\right)dxdy$$

$$(\inf_{w\in D}|z-w|>\varepsilon)$$

であるので $u\in C^\infty(D)$ であることは明白ですが，C^2 級の関数がラプラス方程式をみたさない点で平均値の性質を持たないことは明らかだからです．

　コーシーの積分公式は正則関数に対する一般領域上の積分表示式だったわけですが，平均値の性質を拡げることにより，円板上であれば調和関数に対しても積分表示式を導出することができます．それが**ポアソンの公式**

$$u(z)=\int_0^{2\pi}P(z,\theta)u(e^{i\theta})d\theta,$$

$$P(z,\theta)=\frac{1}{2\pi}\frac{1-|z|^2}{|z-e^{i\theta}|^2}$$

であり，境界値を与えて領域内部で調和な関数を作る問題（ディリクレ問題）を円板の場合に解く公式として有名です．$u(e^{i\theta})$ が円周上の連続関数であれば右辺の境界値が存在して $u(e^{i\theta})$ に等しくなることは，等式

(†) $$\int_0^{2\pi} P(z,\theta)d\theta = 1$$

と $P(z,\theta) > 0\ (|z|<1)$, $\lim_{z \to e^{i\eta}} P(z,\theta) = 0\ (\eta-\theta \notin 2\pi\mathbf{Z})$ から直ちに従います．

(z,θ) の関数でこれらの条件をみたすものを**正値総和核**と言いますが，特に $P(z,\theta)$ を**ポアソン核**と呼びます．これは S.-D. ポアソン (1781-1840) が 1820 年にラプラス方程式をフーリエ級数の方法で解き，それを積分の形で整理して導入しました．つまりポアソンの公式はコーシーの積分公式の前に知られていたわけです．

曲線 γ 上の点に z が近づくときの積分値 $\dfrac{1}{2\pi i}\int_\gamma f(\zeta)\dfrac{d\zeta}{\zeta-z}$ の挙動がコーシーの研究の動機であったとされるので，ラプラス，ポアソン，コーシーと続く伝統の上に複素解析が立ち上がったとも言えそうです．ちなみにラプラスとポアソンもエッフェル塔に名前を刻まれています．

ポアソンの公式は領域の幾何学的構造と絡み，リーマンが学位論文で述べた**等角写像の基本定理**にもつながります．次章はそのあたりの話を紹介したいと思います．

参考文献

[A] アールフォルス, L., 複素解析 （笠原乾吉訳） 1982 現代数学社

[H] Hartshorne, R., Residues and duality: Lecture Notes of a Seminar on the Work of A.Grothendieck, Given at Harvard 1963/64, Lecture Notes in Mathematics, 1966 Springer.

[T] 高木貞治　定本解析概論　2010 岩波書店

第 7 章

その実体は幾何学

ポアソン核の幾何

　前章の最後にコーシーの積分公式の前身であるポアソンの公式について述べました．本章はこのポアソンの公式から話を広げてみましょう．単位円板上の調和関数に関するポアソンの公式

$$u(z) = \int_0^{2\pi} P(z,\theta) u(e^{i\theta}) d\theta$$

$$P(z,\theta) = (2\pi)^{-1} \frac{1-|z|^2}{|z-e^{i\theta}|^2}$$

(ただし u は閉円板 $|z| \leqq 1$ 上で連続で開円板 $|z| < 1$ 上で調和) において，ポアソン核 $P(z,\theta)$ は正値総和核の性質

$$\int_0^{2\pi} P(z,\theta) d\theta = 1, \ P(z,\theta) > 0 \ (|z|<1),$$

$$\lim_{z \to e^{i\eta}} P(z,\theta) = 0 \quad (\eta - \theta \notin 2\pi \mathbf{Z})$$

を持ち，従って円周上の連続関数 $v(e^{i\theta})$ に対してつねに

$$\lim_{z \to e^{i\eta}} \int_0^{2\pi} P(z,\theta) v(e^{i\theta}) d\theta = v(e^{i\eta})$$

となります．

$$P(z,\theta) = \mathrm{Re}\left(\frac{e^{i\theta}+z}{e^{i\theta}-z}\right)$$

より $P(z,\theta)$ は z に関して調和ですから $\int_0^{2\pi} P(z,\theta)v(e^{i\theta})d\theta$ も z に関して調和関数になっています．$\int_0^{2\pi} P(z,\theta)v(e^{i\theta})d\theta$ を v の**ポアソン積分**と言います．言うまでもなく，ポアソン積分は「コーシー積分」$\dfrac{1}{2\pi i}\int_\gamma f(\zeta)\dfrac{d\zeta}{\zeta-z}$ の前身です．

ポアソン核は面白い幾何学的性質を持っています．それは z をとめて $P(z,\theta)$ を θ の関数と見たときの性質です．具体的には，θ に対して $e^{i\theta}, z, e^{i\eta}$ が一直線上に並ぶように η を決めたとき，

$$\frac{d\eta}{d\theta} = \frac{1-|z|^2}{|e^{i\theta}-z|^2} = 2\pi P(z,\theta)$$

となるということですが，θ と η の関係から，円周上の同相写像 $e^{i\theta} \longrightarrow e^{i\eta}$ は円板上の双正則写像 $\zeta \longrightarrow \dfrac{z-\zeta}{1-\zeta\bar{z}}$ へと拡げられることが簡単な計算で確かめられます．この写像によって z は 0 に対応しますから，正則写像と調和関数の合成が調和関数になることから，ポアソンの公式は ζ で書いた平均値の性質を別の変数 $\xi(=\xi_z) = \dfrac{z-\zeta}{1-\zeta\bar{z}}$ で表現したものに他ならないということになります．このように，幾何学的な観点に立つことにより，式どうしのつながりをしばしば見通しよく理解することができます．上の ζ から ξ への変換は非ユークリッド幾何における合同変換の例になっています．以下でこの例を多少拡げて話をする都合上，幾何学の言葉を少し用意しておきましょう．

自己同相写像の群

X を距離空間とし，X から X への同相写像全体を **Homeo**(X) で表します（Homeo は homeomorphism の意）．Homeo(X) は写像の合成を演算として群をなします．念のため，ここで群の概念を思い出しておきましょう．一般に，集合 G が群であるとは，二項演算 $G \times G \ni (a,b) \longrightarrow ab \in G$ が与えられていて次の三つの規則をみたすことを言うのでした．

1. （単位元の存在） G のある要素 e に対し，$ae = ea$ がすべての $a \in G$ について成り立つ．

2. （逆元の存在） すべての $a \in G$ に対し，$aa' = a'a = e$ をみたす a' が存在する．

3. （結合律） $(ab)c = a(bc)$．

Homeo(X) の場合，恒等写像 id_X が単位元になります．

Homeo(X) を X の**自己同相群**といいます．Homeo(X) の要素 f が二点間の距離を保つ時，すなわち任意の $x, y \in X$ に対し $\mathrm{dist}(f(x), f(y)) = \mathrm{dist}(x, y)$ となるとき，f は**等長写像**であるといいます．等長写像全体は合成の演算に関しそれ自身が群になっています．この群を X の**自己等長同型群**といい，**Isom**(X) で表します．X の任意の点 p に対し，p の近傍上では p のみを固定する Isom(X) の要素 s_p で $s_p \circ s_p = \mathrm{id}_X$ をみたすものが存在する時，X は**対称空間**であるといいます．ユークリッド空間がその例ですが，その中の図形(部分空間)である円周

や球面も対称空間です．

　ユークリッド幾何ですと合同や相似で図形を同一視します．ユークリッド距離に関する等長写像で移り合うのが互いに合同な図形です．平面上のすべての等長写像は線対称の合成で表されます．点対称の合成は向きを保つので少し限られます．相似になると拡大や縮小が入ります．寄り道になりますが，スイスの教育学者 J. ピアジェ (1896-1980) が子供の認知機能の発達を研究した際，相似の概念は合同より先に獲得されるという実験結果を得ています．また，筆者の記憶では 20 年以上前のことですが，早熟の天才として有名だったある映画監督 (H 氏) が，幼稚園の入園試験で二つの人形の違いを正しく答えられなかったときのことが週刊誌に載っていました．二つの人形は，大きさ (だけ) が違うものでしたが，返答に窮した幼い H 氏が言ったのは，「製造元でも違うのですか？」だったそうです．

　合同が等長写像に対応するように，相似の概念も距離空間に自然に拡張されますが，幾何学では相似をもう少し拡張して，等質空間すなわち「リー (Lie) 群が作用する」空間を考えるのが一般的です (リー群はまた別の機会に)．広い意味では，群の作用で不変な式の研究が幾何学です (F. クライン (1849-1925) のエルランゲン・プログラム)．

　複素解析では $\zeta \to \dfrac{z-\zeta}{1-\zeta\bar{z}}$ のような双正則写像のなす群が基本的です．複素多様体 M に対し，M からそれ自身への双正則写像全体は合成を積とする演算に関して群をなします．この群を M の**自己同型群**といい，$\mathrm{Aut}\,M$ で表します．種々の複素多様体の自己同型群を決定することは現代数学においても重要なテーマです．たとえば，すべての有限群はリーマン面の自己同型群となりうるという著しい結果が知られています．たとえば，種数が 3 の閉リーマン面の中には自己同型群が位数 168 の単純群であるものが存在します．ここではポアソン核つながりで，

単位円板 $D = \{z \in \mathbf{C}\,;\,|z|<1\}$ の自己同型群を決定してみましょう．

Aut D

Aut D の要素をいくつか挙げてみましょう．まず，D は円板ですから回転 $z \longrightarrow e^{i\theta}z$ がそうです．平面上の平行移動に相当するのは $\dfrac{z-a}{1-az}$ $(-1<a<1)$ で，これと回転を合成した写像の一般形は，$e^{i\theta}\dfrac{z-a}{1-\bar{a}z}$ $(a \in D)$ となります．実はこれで Aut D が尽くされます．

定理 1 $\qquad \mathrm{Aut}\,D = \left\{ e^{i\theta}\dfrac{z-a}{1-\bar{a}z}\,;\,\theta \in \mathbf{R},\, a \in D \right\}$

証明のため，一般的な命題を二つ準備します．

命題 1（最大値の原理） 領域上の非定数調和関数は極値を持たない．

これは平均値の性質から直ちに従うことです．「最大値の原理」の名の由来は，これより，有界領域 D 上の非定数調和関数で $\overline{D}$ 上連続なものは，最大値を境界上でとることが従うからです．

系（正則関数の最大値の原理） 領域上の非定数正則関数の絶

対値は最大値を持たない．

なぜなら，正則関数 f が 0 でない点の近傍で $\log|f|$ は調和だからです．

命題2（シュワルツの補題）

f が $\mathbf{D}$ 上で正則であり， $\sup|f| \leqq 1$, $f(0)=0$ ならば $|f(z)| \leqq |z|$ $(z \in \mathbf{D})$.

証明 $\dfrac{f(z)}{z}$ は $\mathbf{D}$ 上で正則で $|z| \to 1$ のとき $\left|\dfrac{f(z)}{z}\right|$ は 1 以下にとどまるから，最大値の原理より $|f(z)| \leqq |z|$ でなければならない． □

定理1の証明

$f \in \mathrm{Aut}\,\mathbf{D}$, $f(0)=0$ のとき $f(z)=e^{i\theta}z\,(\theta \in \mathbf{R})$ となることを示せば十分だが，$f \in \mathrm{Aut}\,\mathbf{D}$ より，ある $g \in \mathrm{Aut}\,\mathbf{D}$ に対して $f \circ g = \mathrm{id}_D$ となる．f と g にシュワルツの補題を適用すると $|f'(0)| \leqq 1$, $|g'(0)| \leqq 1$ だが，$|f'(0)| \cdot |g'(0)| = 1$ だから $|f'(0)| = 1$ となり，$\left|\dfrac{f(z)}{z}\right|$ に最大値の原理が適用でき，$\dfrac{f(z)}{z}$ は定数となる． □

正則写像の圧縮性

$\mathrm{Aut}\,\mathbf{D}$ の決定に重要な役割を果たしたシュワルツの補題は，

L. アールフォルス (1907-96) によって一般化され，その応用が名著 "Conformal invariants——Topics in geometric function theory"（等角不変量—幾何学的関数論の話題）の第一章を飾っています．ポイントは，不等式 $|f(z)|\leq|z|$ を「z と 0 の距離よりも $f(z)$ と $f(0)=0$ の距離が短い」と読むことで，この性質が「正則写像は二点間の距離を縮める（正則写像の圧縮性）」という形で一般化されます．これも複素解析における幾何学的観点の有効性を支持する一例で，ここまで来ると幾何学はむしろ複素解析の実体そのものです．ちなみに，去る 2015 年 11 月，小平邦彦博士の生誕 100 周年を記念する講演会で，J.-P. ドマイエ (1957-) はこの一般化の重要性を強調していました．ドマイエの話は正則写像についてでしたが，最近ではこれに対して複素幾何という言葉がよく使われます．東大では「複素解析幾何セミナー」が開かれており，ドマイエはそこでも講演しました．

乗りかかった船ですので正則写像の圧縮性について補足しておきますと，これは小林擬距離というものについての性質です．複素多様体 M 上の**小林擬距離**とは以下のように定義される関数 $F_M : M \times M \longrightarrow [0, \infty)$ を言います．

1) $F_\mathbf{D}$ は $\mathbf{D}$ 上の距離であり，$F_\mathbf{D}(0, z) = \log \dfrac{1+|z|}{1-|z|}$

　かつ $\mathrm{Aut}\,\mathbf{D} \subset \mathrm{Isom}(\mathbf{D})\ (= \mathrm{Isom}(\mathbf{D}, F_\mathbf{D}))$.

2) $x, y \in M$ に対し，

$$F_M(x, y) = \inf \Big\{ \sum_{j=1}^{\mu} F_\mathbf{D}(z_j, z_{j+1}) ; f_j : \mathbf{D} \to M\ （正則）があっ$$

て $f_1(z_1) = x,\ f_j(z_{j+1}) = f_{j+1}(z_{j+1}),\ f_\mu(z_{\mu+1}) = y \Big\}$.

定義よりただちに
$$F_M(x, y) = F_M(y, x)$$
$$F_M(x, y) \leq F_M(y, w) + F_M(w, x)$$
ですが，一般には $F_M(x, y) = 0$ でも $x = y$ とは限らないので擬距離という言い方をします．小林擬距離は 1967 年に小林昭七 (1932-2012) によって導入された概念で，これが距離になるような複素多様体を**小林双曲的多様体**と言います．小林昭七氏についてのウェブサイト

http://jp.shoshichikobayashi.com

にはこんな文章があります．

　彼の仕事の中で将来永いこと影響を与えるものの一つとして，彼が 1967 年に導入した計量の概念—その後間もなく「小林擬距離」と呼ばれるようになったが—とそれに関連する「小林双曲性」がある．それ以来，これらの概念は複素多様体の写像を研究する上で，欠くべからざる道具になっている．

　簡単な計算で
$$F_{\mathbf{D}}(z_1, z_2) = \inf \left\{ \int_\gamma \frac{|dz|}{1-|z|^2} ; \gamma \text{ は } z_1 \text{ と } z_2 \text{ を結ぶ } C^1 \text{ 級の曲線} \right\}$$

がわかります．$\frac{|dz|}{1-|z|^2}$ を**ポアンカレ計量**と言います．距離空間 $(\mathbf{D}, F_{\mathbf{D}})$ は H. ポアンカレ (1854-1912) が非ユークリッド平面のモデルとして導入したものでした．これも対称空間の一例です．任意の正則写像 $f : \mathbf{D} \to \mathbf{D}$ に対して $F_{\mathbf{D}}(f(z), f(w)) \leq F_{\mathbf{D}}(z, w)$ $(z, w \in \mathbf{D})$ であることが，シュワルツの補題からも言えますし，ポアンカレ計量の積分を評価することによっても言えます．この不等式を一般化したのが次の定理です．

> **定理 2（正則写像の圧縮性）**
> 複素多様体間の正則写像 $f : M \to N$ に対し，
> $$F_N(f(x), f(y)) \leq F_M(x, y) \quad (x, y \in M).$$

種数が 2 以上の閉リーマン面が小林双曲的であることは初等的な方法で示せます(cf. [G-R])．

このように，ポアソン核には円板の非ユークリッド幾何的構造が強く反映されているわけですが，正則関数の積分表示を与えるコーシーの積分公式に比べると，調和関数の積分表示が円板上に限られるというのは大きな制約です．ポアソン核のこの弱点を補うのがグリーン関数です．グリーン関数を使うと，一般領域上の調和関数を境界上の積分として表すことができますが，次節ではその前段階にあたる等角写像の方法について述べましょう．

等角写像の方法

ポアソン積分により，円周上の任意の連続関数は円板上の調和関数に拡張できます．最大値の原理より拡張は一意的です．実は，このように境界上の関数が内部に調和に延長できるということは円板に限ったことではありません．つまり，D は $\mathbf{C}$ 内の有界領域で，$\partial D \in C^1$ すなわち ∂D が有限個の C^1 級閉曲線から成っているとしたとき，ポアソン積分と同様な式

$$\int_I Q(z, s) v(\zeta(s)) ds$$

ただし s は区間の和を動く助変数で，$\zeta(s) \in \partial D$, $Q(z, s)$

$(=Q_D(z,s))$ は z に関して調和

によって調和な拡張が得られます．このことをまず簡単な場合に見ておきましょう．

たとえば $D=\{z;|z|<R\}$ ですと，双正則写像 $z\to\frac{z}{R}$ により D は $\mathbf{D}$ に写像され，その結果 $Q(z,\theta)=\frac{R^2-|z|^2}{2\pi|z-Re^{i\theta}|^2}$ が得られます．この $Q(z,\theta)$ を（後で使うので）$P_R(z,\theta)$ と書きます．より一般に，$\overline{D}$ から $\overline{\mathbf{D}}$ への C^1 級同相写像 φ で D 上正則なものが存在する場合，

$$Q(z,s)=\frac{P(\varphi(z),\theta(\varphi(z(s))))d\theta(\varphi(z(s)))}{ds}$$

となります．従ってこの場合，Q を求めるには φ を求めればよいことになりますが，実は次が成立します．

定理 3 D は $\mathbf{C}$ 内の有界領域で $\partial D\in C^1$ であり，次が成り立つとする．

(†) $\int_\gamma \frac{dz}{z-c}=0$ (γ の c のまわりの回転数が 0) が，C^1 級の閉曲線 $\gamma:[0,1]\to D$ と $c\notin D$ に対してつねに成り立つ．

このとき上の写像 φ が存在する．

定理 3 はリーマンによって述べられた次の結果に実質的に含まれます．

> **定理 4** 二つの与えられた単連結で平らな面は，つねに次のような仕方で対応させることができる．一方の各点に対してそれとともに連続的に動く他方の点が対応し，その対応は極小部分において相似である．しかも，一つの内点と一つの境界点に対しては対応する点を任意に与えうるが，それによってすべての点の対応が決まってしまう．
>
> 笠原乾吉訳（リーマン論文集，朝倉書店）

「平らな面」というのはもちろん $\mathbf{C}$ 内の領域のことで，「単連結」は条件（†）がみたされることを言います．また，写像 $f: D_1 \to D_2$ が「極小部分において相似」とは f が正則で f' が零点を持たないことで，このとき f は**等角写像**と呼ばれます．アールフォルスの「複素解析」の中では，定理 3, 4 は境界対応の部分を除いてですが，次のように一般化されて証明されています．

> **定理 5** 全平面とは異なる任意の単連結領域 Ω と Ω の任意の点 z_0 に対し，Ω を単位円 $|w|<1$ の上へ 1 対 1 に写す解析関数 $f(z)$ で，$f(z_0)=0, f'(z_0)>0$ をみたすものが唯一つ存在する．

例（ケイリー変換） $\Omega = \{z\,;\,\mathrm{Re}\,z > 0\}$ の場合，$f(z) = \dfrac{z-1}{z+1}$．

定理 5 は**等角写像の基本定理**または**リーマンの写像定理**と呼ばれています．

グリーン関数

ポアソンの公式を単連結ではない領域まで一般化するには，ポアソン核をさらに別の視点から眺めてみる必要があります．ここでは等式

$$2\pi P(z,\theta) = \operatorname{Re}\frac{e^{i\theta}+z}{e^{i\theta}-z} = \frac{\partial}{\partial r}\log\left|\frac{z-re^{i\theta}}{1-re^{-i\theta}z}\right|_{r=1}$$

に注目します．これはラプラス方程式への理解をふまえたことですが，細かいことは抜きにして，まず手順だけを追ってみましょう．

Q_D の存在証明（概略）：D の各点 z に対し，$\mathbf{C}-\{z\}$ 上の調和関数 $\log|w-z|$ を ∂D 上に制限したものを u_z とする．u_z を D に調和に拡張したものを $\tilde{u}_z(w)$ とし，

$$g_D(z,w) = \log|w-z| - \tilde{u}_z(w),$$

$$Q_D(z,s) = \frac{1}{2\pi}\frac{\partial g_D}{\partial n}ds$$

とおけばよい．ただし s は D の内部を左手に見る方向を正の向きとした弧長のパラメータで，$\frac{\partial}{\partial n}$ は ∂D の各点で外向きの単位法線微分とする．□

g_D を D の**グリーン関数**と言います．$g_\mathbf{D}(z,w) = \log\left|\frac{z-w}{1-\overline{w}z}\right|$ であり，$\partial \mathbf{D}$ 上で $\frac{\partial}{\partial n} = \frac{\partial}{\partial r}$ なので，確かに上の手順は単位円板の場合の一般化ですが，上の議論の面白いところは Q_D を作るために u_z が調和関数として D まで延びることを使っている

ことです．これは一見循環論法風で危険なように見えますが，次のようにして補うことができます．

$\tilde{u}_z$ の存在証明：D 上の連続関数で次の条件 (#) をみたすものの集合を S とおく．

(#) 任意の部分領域 $D' \subset D$ と D' 上の調和関数 h および $v \in S$ に対し，$v-h$ は D' 上で定数であるか，または最大値の原理をみたす．

$v_1, v_2 \in S$ ならば，$\max\{v_1, v_2\} \in S$ であることは容易．

$S_z = \{v \in S\,;\,v|_{\partial D} = u_2\}$ とおく．すると $\max\{\log|w-z|, -R\} \in S_z$ が十分大きな定数 R に対し成立するので $S_z \neq \emptyset$．また，$v \in S_z$，$D \supset \{w:|w-c| \leq r\}$ のとき

$$v_{c,r}(w) = \begin{cases} \int_0^{2\pi} P_r(w-c,\theta)v(c+re^{i\theta})d\theta, & |w-c|<r \\ v(w) & w \in D,\ |w-c| \geq r \end{cases}$$

とおくと $v_{c,r} \in S_z$．

$$v_1, v_2 \in S_z \Rightarrow \max\{v_1, v_2\} \in S_z$$

も明らか．

以上により，$\tilde{u}_z = \sup S_z$ とおけばよい． □

ちなみに，グリーン関数は数理物理学者のG.グリーン (1793-1841) によって電磁気学についての著作 (1828) の中で導入されました．グリーン関数は等角写像の理論の中で基本的な役割を果たします．たとえば $\partial D \in C^1$ のとき，グリーン関数の存在からリーマンの写像定理が従います．

ところで，リーマンの写像定理によれば三角形の内部を半平

面に等角に写像することができます．ワイアシュトラスの愛弟子の H. シュワルツ (1843-1921) は，この写像が三角形のとり方次第では楕円関数へと解析接続できることを発見しました．次章ではシュワルツのこの理論を中心に話を進めてみましょう．

参考文献

［G-R］ Grauert, H.and Reckziegel, H., Hermitesche Metriken und normale Familien hplomoephor Abbildungen, Math. 2. 89 (1965), 108 - 125.

第 8 章

三角形と鏡で作る関数

■ シュワルツと日本の俊才たち

　「三角形と鏡」といえば，何やら手品か探偵小説のトリックめいていますが，本章の主題は，ワイアシュトラスの高弟であったH.A. シュワルツ (1843-1921) が考案した，関数の幾何学的な構成法です．シュワルツは，Aut D の決定に用いた補題ですでに名前が出ましたが，最初は化学を志した人で，数学者になったのはベルリン大学の教授であった E. クンマー (1810-93) とワイアシュトラスに才能を見込まれたからだと言われます．複素解析で多くの基本的な仕事を残したことから察するに，この教授たちからシュワルツが諄々と説かれたのは，ガウス，アーベル，ヤコービらの仕事を受け継いで発展させていくことの重要性ではなかったでしょうか．クンマーやワイアシュトラスは，高校教師時代の経験から，若者の心の琴線に触れる言葉の数々を心得ていたのかもしれません．

　シュワルツについてはもう一つ特記しておきたいことがあります．それは彼と日本の数学者たちとの接点についてです．筆者が勤めていた名古屋大学には，シュワルツが編纂した自

身の論文集「Gesammelte Abhandlungen von H.A. Schwarz」(1890) がありますが，その見開きにはペン書きの達筆で「Herren Dr.M.Fujiwara zur freundlichen Erinnerung an H. A. Schwarz」と，シュワルツの署名が入っています．「Herren Dr.M.Fujiwara」は「藤原(M)博士殿へ」で，「zur freundlichen Erinnerung an H.A.Schwarz」は「H.A.シュワルツへの友情の記念として」くらいでしょうか．この藤原先生は，東北帝国大学教授であった藤原松三郎(1881-1946)で，著書の「代數学」(全二巻)が今日なお版を重ねていることでも有名ですが，1907年からしばらくドイツとフランスに留学しています．おそらくはシュワルツ自身から手渡された本が現在名古屋にあるのは，藤原の出身地が三重県の津市だからでしょう．「友情の記念」という言葉から，筆者は藤原がシュワルツへの手みやげに小田原提灯を持参する姿を想像してしまいました．曲面積の定義をする時に注意すべき例として「シュワルツの提灯」が知られていますが，これが日本の提灯に似ているからです([YY]の口絵を参照)．それはさておき，日本の近代数学の父ともいうべき高木貞治(1875-1960)もシュワルツと接点があります．高木は藤原より7年早くベルリンに留学し，そのときのシュワルツの講義の様子を「近世数学史談」[T]に書いていますが，シュワルツも高木について書いたことがあるのです．それはゲッチンゲン大学のD.ヒルベルト(1862-1943)宛の紹介状です．高木は整数論を志してヒルベルトのいるゲッチンゲンに移動するのですが，その時シュワルツが高木に持たせた，見事な筆跡の手紙が残っています．そこでこの機会にそれを訳しておきたいと思います．

グリューネヴァルト．ベルリン，

フンボルト通り33, 1900年4月1日．

ヒルベルト教授博士殿

高く尊敬される同僚殿！

　日本からみえた高木博士殿は，私にとっては以前の聴講生の一人ですが，日本の長岡教授殿から極めて熱烈に推薦されました．この推薦は高木博士にとって名誉なことです．当人はこのたび，貴殿の下で数学の研究を継続されたいとのことなので，この勤勉で（数学に）耽溺し科学知識に大変興味を持った若者に，貴殿あての個人的な推薦状を持参してもらうことは，私にとって光栄かつ格別に欣快なるところであります．

　　　　　　　　　　貴殿の最も忠実な H.A. シュワルツ．

　　　　（手紙の写しを下さった高瀬正仁氏に感謝します．）

　普通の紹介状のようでもありますが，「耽溺した」(süchtig) という言葉など，あるいはシュワルツとヒルベルトの間だけで正確に伝わる表現なのかもしれません．ちなみに，長岡教授とは原子模型で有名な物理学者の長岡半太郎 (1865-1950, 1893-96 の間 L. ボルツマンの所に留学) のことです．上の「極めて熱烈に」は「auf das Wärmste」と書いてあり，辞書にある最上級の用法「auf das wärmste」をさらに強めた，文字通り破格の評価でしょう．

　数学者の逸話としては，常識はずれの突飛な言動で人々の微笑を誘うようなものが多いのですが，シュワルツに関してはその手の話はありません．きっと温厚な教授を絵に描いたような

人物だったと思われます．さて，そんなシュワルツが特に愛したのが三角形でした．シュワルツがからむ三角形の話はいくつかありますが，シュワルツの提灯よりずっと有名なのが**シュワルツの三角写像**です．

三角写像とは一口には三角形への写像のことですが，この場合普通の三角形の他に円弧で囲まれた三辺形，すなわち**円弧三角形**まで対象を拡げて考えます．その際，線分や半直線も広い意味の円弧と考えます．上半平面 $\mathbf{H} = \{z \in \mathbf{C}; \mathrm{Im}\, z > 0\}$ ($z = x + iy \Rightarrow x = \mathrm{Re}\, z,\ y = \mathrm{Im}\, z$) から円弧三角形への等角写像をシュワルツは詳しく研究しました．これはガウスの仕事の見事な展開例になっています．シュワルツのこの仕事に触れるため，ひとまず準備として $\hat{\mathbf{C}}$ の双正則自己同型群 $\mathrm{Aut}\,\hat{\mathbf{C}}$ の話から入りましょう．

$\mathrm{Aut}\,\hat{\mathbf{C}}$ と円弧三角形

$\mathrm{Aut}\,\hat{\mathbf{C}}$ は変換

$$z \longmapsto \frac{az+b}{cz+d} \quad (a,b,c,d \in \mathbf{C},\ ad-bc \neq 0)$$

から成ります．実際，この形の写像全体は合成に関して群であり，$\infty, 0, 1$ を固定する $\mathrm{Aut}\,\hat{\mathbf{C}}$ の元は 0 と 1 を固定する z の多項式ですから恒等写像であり，しかも相異なる任意の 3 点 z_1, z_2, z_3 に対し，変換

$$z \longrightarrow M(z) = \frac{z-z_1}{z-z_2} \bigg/ \frac{z_3-z_1}{z_3-z_2}$$

は z_1, z_2, z_3 をこの順に $0, \infty, 1$ に写すからです．ただし $M(z)$ において，∞ と 0 を含む演算は

$$\alpha \pm \infty = \infty, \quad \frac{\alpha}{\infty} = 0, \quad \frac{\infty}{\alpha} = \infty \ (\alpha \neq \infty),$$

$$\frac{\beta}{0} = \infty \ (\beta \neq 0), \quad \frac{\infty}{\infty} = 1$$

とします．$\mathrm{Aut}\,\hat{\mathbf{C}}$ の元を**メビウス変換**と呼びます．上のメビウス変換 M による z の像 $M(z)(\in \hat{\mathbf{C}})$ を z, z_1, z_2, z_3 の**複比**または**非調和比**と呼び，特に $[z, z_1, z_2, z_3]$ と記します．（非調和比の呼び名は射影幾何から来ています．）$z \notin \{z_1, z_2, z_3\}$ ならば $M(z) \in \mathbf{C} - \{0, 1\}$ です．

> **定理1** $z \notin \{z_1, z_2, z_3\}$ ならば，$\mathrm{Aut}\,\hat{\mathbf{C}}$ の任意の元 S に対し
> $[S(z), S(z_1), S(z_2), S(z_3)] = [z, z_1, z_2, z_3]$．

証明 $M(z) = [z, z_1, z_2, z_3]$ ならば，$M \circ S^{-1}(S(z_1)) = 0$, $M \circ S^{-1}(S(z_2)) = \infty$, $M \circ S^{-1}(S(z_3)) = 1$．よって $[S(z), S(z_1), S(z_2), S(z_3)] = M \circ S^{-1}(S(z)) = [z, z_1, z_2, z_3]$． □

定理1は複比がメビウス変換で不変なことを言っていますから，複比で特徴づけられる図形の性質もメビウス変換で不変です．特に次が成立します．

> **定理 2** $\#\{z_1, z_2, z_3, z_4\} = 4$ ならば次は同値.
> i) z_1, z_2, z_3, z_4 は同一円周上にある.
> ii) $[z_1, z_2, z_3, z_4] \in \mathbf{R}$.

ただし z_1, z_2, z_3, z_4 は $\hat{\mathbf{C}}$ から取っているので，直線も「無限遠点」∞ を含む円周とみなします.

定理 2 の証明

$S \in \operatorname{Aut} \hat{\mathbf{C}}$, $w = S(z)$, $S^{-1}(w) = \dfrac{aw+b}{cw+d}$ とすると，$z \in \mathbf{R}$ のとき

$$\frac{\overline{a}w + \overline{b}}{\overline{c}w + \overline{d}} = \frac{aw+b}{cw+d}.$$

この分母を払って整理すれば直線または円の方程式を得る． □

> **定義** 境界が円弧をつなげてできている $\hat{\mathbf{C}}$ 内の単連結な領域を円弧多角形という.

例 $\mathbf{D}, \mathbf{H}$(円弧無角形),
$\{z \in \mathbf{C} ; |z-2|<2, |z-1|>1\}$ (円弧二角形),
$\{z \in \mathbf{C} ; |z|<1, |z-1|<1\}$ (円弧二角形),
$\{z \in \mathbf{C} ; |z|>1, |\operatorname{Re} z|<1\}$ (円弧三角形)

二つの円弧三角形の内角が向きも込めて同じなら，これらは $\operatorname{Aut} \hat{\mathbf{C}}$ の元で写り合うという意味で相似です．上の例の最後の円弧三角形は

$$T_0 = \{z \in \mathbf{D}\,;\, |z+2| > \sqrt{3},\ |z+2\omega| > \sqrt{3},\ |z+2\omega^2| > \sqrt{3}\}$$
$$(1+\omega+\omega^2 = 0)$$

と相似です．この円弧三角形は特に**円弧零角三角形**と呼ばれます．

定理2の系 メビウス変換で円弧多角形は円弧多角形へと写像される．

より詳しくは，メビウス変換は円弧 n 角形を円弧 n 角形へと写像しますが，リーマンの写像定理によれば，$\mathbf{D}$ または $\mathbf{H}$ から任意の円弧 n 角形への双正則写像が存在します．この写像はメビウス変換と違って $\hat{\mathbf{C}}$ 全体では定義されていませんが，次の方法により解析接続することができます．

定理3（シュワルツの鏡像原理）

$\mathbf{H}$ 内の領域 G とその上の正則関数 $f(z)$ に対し，領域 $G^* = \{z \in \mathbf{C}\,;\, \overline{z} \in G\}$ 上で関数 $\overline{f(\overline{z})}$ は正則である．さらに実軸上のある区間 I を含む領域 D があって $D \subset G \cup G^* \cup I$ かつ $\lim_{z \to I} \mathrm{Im}\, f(z) = 0$ ならば，$f(z)\ (z \in G), \overline{f(\overline{z})}\ (z \in G^*)$ は $G \cup G^* \cup I$ を含むある領域へと解析接続される．

証明 前半部は関数の正則性のコーシー・リーマン方程式による特徴づけより明らか．後半部を示すため，G では $\mathrm{Im}\, f$ に等しく I では 0 で，G^* では $-\mathrm{Im}\, f$ に等しい関数を v とする．すると仮定より I 上の点を中心とし $G \cup G^* \cup I$ に含まれる閉円板が存在する．それを U とすれば，ポアソン積分に

より ∂U 上で v に等しく U 内で調和な関数 $\tilde{v}$ が作れる．ポアソン核の対称性と v の反対称性から $\tilde{v}$ は $I \cap U$ 上で 0 になるので，調和関数の最大値の原理から，U の上半分では $\tilde{v} = \mathrm{Im} f$ が成り立つ．下半分についても同様だから，結局 $\tilde{v}$ は $\mathrm{Im} f(z), \overline{\mathrm{Im} f(\overline{z})}$ の拡張である．U 上の調和関数 u を，$u+iv$ が正則になるように取る．($2i\dfrac{\partial v}{\partial z}dz$ を線積分すればよい．) v は I 上で 0 だから，コーシー・リーマン方程式より $\dfrac{\partial(u(z)-u(\overline{z}))}{\partial z}$ は実軸上で 0．よって正則性より U 上で 0 である．ゆえに $u(z) = u(\overline{z})$．これより直ちに結論が従う． □

円弧多角形 P から $\mathbf{H}$ への双正則写像 $f = f_P$ に対し，$\displaystyle\lim_{z \to \partial P} \mathrm{Im} f(z) = 0$ であり，P の各辺はメビウス変換により実軸上の線分へと写像されますから，このような f は鏡像原理により解析接続できます．また定理 3 の G が円弧多角形なら G^* もそうですから，この接続は次から次へと繰り返すことができ，定義域の方では辺に沿う P の鏡映をつなげ，値域の方では $\mathbf{H}$ と下半平面 $\{z; \mathrm{Im} z < 0\}$ を区間に沿ってつなげることにより，しまいには二つの $\hat{\mathbf{C}}$ 上の領域どうしの双正則写像が出来上がります．

f の存在はリーマンの写像定理が保証してくれますが，円弧多角形という特殊な状況では，その具体的な表現が興味の対象になることがあります．P の辺が線分または半直線なら話は簡単で，この場合は f の逆写像 f^{-1} を積分を用いて書くことができます．これは逆三角関数

$$\int_0^z \frac{d\zeta}{\sqrt{1-\zeta^2}}$$

によって H が $\left\{z\,;\,\mathrm{Im}\,z>0,\ -\dfrac{\pi}{2}<\mathrm{Re}\,z<\dfrac{\pi}{2}\right\}$ に写像されるのと同様で，一般には

(SC) $\quad f^{-1}(w) = C\displaystyle\int_{w_0}^w (\zeta-a_1)^{\alpha_1-1}(\zeta-a_2)^{\alpha_2-1}\cdots(\zeta-a_n)^{\alpha_n-1}d\zeta$

($a_1<a_2<\cdots<a_n$, $\alpha_1\pi,\alpha_2\pi,\cdots,\alpha_n\pi$ は P の内角，C は定数)という形です．(SC)をシュワルツ・クリストッフェルの公式といいます．(E.B. クリストッフェル(1829-1900)はドイツの物理学者です．)

P が一般の円弧多角形の場合，f^{-1} は上ほどには簡単ではありませんが，シュワルツはガウスの超幾何微分方程式の線形独立な解の比として f^{-1} が書けることを発見しました．H. クネーザー(1898-1973)の著書 Funktionentheorie (関数論)には，例として内角がすべて $\dfrac{\pi}{6}$ の円弧三角形への写像が超幾何関数の比として書いてあります．

円弧三角形は幾何学的な対称性による分類が可能です．シュワルツはこれを実行し，球面の円弧三角形への分割は 15 通りであることを示しました．そのうちの 3 つは正多面体をふくらませて球面上に投影した形をしており，ガウスの弟子のA.F. メビウス(1790-1868)の名がついています．また，一つの三角形から出発して鏡映の連続で平面を重複なく敷きつめる問題は，まったく初等的であり，お手元の紙に図を描いてすぐに確かめてごらんになれますが，答は正三角形，直角二等辺三角形，または正三角形の半分です．f はこのとき C 上の有理型関数へと解析接続され，楕円関数になります．その周期格子は，

P が正三角形の場合，その一辺の 3 倍の辺をもつ正六角形の頂点とその中心から成り，直角二等辺三角形のときは直角を挟む辺の 2 倍の辺をもつ正方形から成る格子，そして最後のケースは正三角形に準じますが，両端角が $\frac{\pi}{2}$ と $\frac{\pi}{6}$ の辺の 2 倍を一辺とする正六角形とその中心から成る格子です．

ちょっと寄り道になりますが，正三角形による平面のタイリングは，直観的にも明らかなように最も効率的なものです．例えば，$\mathbf{C}$ の格子 A に対し，その密度 $\delta(A)$ を

$$\delta(A) = \lim_{r \to \infty} \left(\frac{\#\{z \in A\,;\,|z|<r\}}{\pi r^2} \right)$$

で定義しますと，$\delta(A)$ と $\mathbf{C}\text{-}A$ に含まれる円板の最大半径 $R(A)$ との間には，一般に

$$\delta(A) \geq \frac{2}{3\sqrt{3}} R(A)^{-2}$$

という大小関係が成り立ち，かつこの等号が成立するのは A が正三角形からタイリングによって作った格子のときであることが知られています．(Kershner の定理：Kershner, R., The number of circles covering a set, Amer. J. math. 61 (1939), 665-671.) これは蜂の巣が正六角形で構成されている理由の一つの明快な説明になっています．

最後に，円弧三角形 P の鏡映の連続により，P を含む円の内部がタイリングされる場合があり，これも完全に分類されています．ここで特筆すべきは P が円弧零角三角形の場合で，このときは P の外接円の内部が埋め尽くされるので，鏡像原理より $\mathbf{H}$ から P への等角写像から出発して，$\mathbf{C}\text{-}\{0,1\}$ 上の領域

$$\pi : \Omega \longrightarrow \mathbf{C}\text{-}\{0,1\}$$

から **D** への双正則写像を作ることができます．**D** と **H** の間の同型

$$w \longleftrightarrow z = i\frac{1+w}{1-w}$$

を用いてこれを **H** への写像と見，その逆写像に π を合成すると **C** - $\{0,1\}$ 上に値を持つ **H** 上の正則関数ができます．これを**楕円モジュラー関数**といい，$\lambda(z)$ で表します．名前の通り，$\lambda(z)$ は楕円関数と密接な関係があります．すなわち，周期が $\mathbf{Z}\omega_1 + \mathbf{Z}\omega_2 \left(\operatorname{Im} \frac{\omega_2}{\omega_1} > 0\right)$ であるような $\wp$ 関数の 3 つの値

$$e_1 = \wp\left(\frac{\omega_1}{2}\right), \quad e_2 = \wp\left(\frac{\omega_2}{2}\right), \quad e_3 = \wp\left(\frac{\omega_1+\omega_2}{2}\right)$$

と $\lambda\left(\frac{\omega_2}{\omega_1}\right)$ の間には，

$$\lambda\left(\frac{\omega_2}{\omega_1}\right) = \frac{e_2 - e_3}{e_2 - e_1}$$

という関係が成立します．これをやや幾何学的に言えば，**H** の点 τ に対し，種数が 1 のリーマン面 $\mathbf{C}/(\mathbf{Z}+\mathbf{Z}\tau)$ を，自己同型 $z+\mathbf{Z}+\mathbf{Z}\tau \longrightarrow -z+\mathbf{Z}+\mathbf{Z}\tau$ で約す作用によって分岐点を持つ $\hat{\mathbf{C}}$ 上の領域と見た時，$\lambda(\tau)$ はこの自己同型の 4 つの固定点の一つの非調和比 $[e_2, e_1, e_3, \infty]$ になります．その結果，

$$\lambda(\tau+1) = \frac{\lambda(\tau)}{\lambda(\tau)-1}, \quad \lambda\left(\frac{-1}{\tau}\right) = 1 - \lambda(\tau)$$

となり，変数の変換

$$\tau \longrightarrow \frac{a\tau+b}{c\tau+d} \quad (a,b,c,d \in \mathbf{Z}, \ ad-bc=1)$$

によって λ の値は $\lambda, \frac{1}{1-\lambda}, \frac{\lambda-1}{\lambda}, \frac{1}{\lambda}, \frac{\lambda}{\lambda-1}, 1-\lambda$ の 6 通りに変化します．ここから整数論と深く関わる保型関数論への道

109

が開けていきます．ガウスは，近代的な整数論の発端となった円周等分論を深める過程で超幾何関数や楕円モジュラー関数を発見したのでした．超幾何関数と鏡像原理による構成は，楕円モジュラー関数の幾何学的実体を解明したことになります．ワイアシュトラスは，$\lambda(\tau)$が実軸を越えて解析接続できないことを知って驚嘆したと伝えられます．この話題の標準的なテキストとして吉田正章氏の著書[YM]が有名で，そのタイトルからもシュワルツの貢献度の大きさがわかります．やはりクンマーとワイアシュトラスが見込んだだけのことはあり，さすがです．

さて「近世数学史談」に戻れば，シュワルツの紹介状を携えてゲッチンゲンを訪れた高木先生に，ヒルベルトは街角で地面に正方形と円を描き，シュワルツ理論について「口頭試問」をしたという話が記されています．しかしこの時，高木先生は上のe_1, e_2, e_3のような「特殊値」と整数論の関係に注目し，後の類体論にいたる道を進み始めていたのでした．複素解析と整数論のこの関係は極めて興味深いのですが，再び話を簡単な所に戻す必要を感じますので，次章はワイアシュトラスの理論に戻り，しかし$\wp$関数からはしばらく離れて一般関数論の基礎に目を向けてみましょう．

参考文献

[T] 高木貞治，近世数学史談（岩波文庫）1995．

[YM] M.Yoshida, Fuchsian differential equations, with special emphasis on the Gauss-Schwarz theory, Vieweg, Aspekte der Mathematik, 1987.

[YY] 吉田洋一，零の発見（岩波新書）1939．

第 9 章

古典的な，あまりに古典的な

■ 地味な古典

　しばらく幾何的な話が続いたからというわけでもないのですが，本章ではベキ級数に戻り，代数的な話題をご紹介したいと思います．代数といっても，古典的な，ユークリッドの時代の数論に近い話で，具体的には**ワイアシュトラスの予備定理**と呼ばれる命題と，その発展型についてです．古典的というと，今までおつきあいくださった読者のうちには「何を今さら」と，眉をひそめられる方もあるかもしれません．「そもそも複素解析自体，すでに古典的ではないか」というわけでしょう．実際，この雑誌が「理系への数学」であった頃，筆者の恩師の一人である楠幸男（1925-）先生は，「現代の古典」と銘打って複素解析の連載を持たれていました（楠幸男 現代の古典 複素解析，1992，現代数学社）．前章までの話も基本的にはこの線に沿っていますが，本章で取り上げるワイアシュトラスの予備定理は，今までとは少々趣が違います．有り体に申せば，結構地味なのです．コーシーの積分定理が桜ならワイアシュトラスの予備定理はスミレかナズナといったところでしょうか．重ねて言うなら，

毎年多くの大学生がコーシーの定理を学ぶ様子が「年々歳々花相似たり，歳々年々人同じからず（唐詩選）」であるならば，ワイアシュトラスの定理の方はごく一部の学部生が授業で学ぶか(cf. [N])または大学院生がテキストで自習するかで，「よく見れば薺花咲く垣根かな（芭蕉）」といったところかもしれません．実のところ，この定理は大学初年級の微積分の授業で必ず出てくる陰関数の定理の多価関数版にあたるのですが，陰関数の定理と同様これも縁の下の力持ち的存在なので，表立って大定理として評価されることはありません．例えば，19世紀の指導的数学者の一人であるF. クライン(1849-1925)が自宅で行った数学史の講義(cf. [K])があり，その中にリーマンとワイアシュトラスによる関数論の詳しい解説がありますが，そこではやはり楕円関数論とその一般化が中心的な話題であり，この定理については次のように存在が仄めかされているだけです．

　　ヴァイエルシュトラス（= ワイアシュトラス）の出発点は，ベキ級数 $P(z-a)$ または $P(1/z)$ である．その収束円の内部における級数の値は，それが存在するかぎり，「関数要素」を構成する．・・・(中略)・・・　このようにしてヴァイエルシュトラスは「解析形体(analytisches Gebilde)」の概念に到達した．これらの定義はリーマンが望んだものと原理的にはまったく一致する．しかしその後リーマンの理論とヴァイエルシュトラスの理論は非常に違った発展を遂げた．ヴァイエルシュトラスの方法では，常にベキ級数で演算されるから，一方では完全な算術的厳密性が守られ，他方ではヴァイエルシュトラスがいつも重視した多変数の場合にたやすく適切な一般化が行われる．

しかしこの定理こそいわばワイアシュトラスの根源的な思考の精髄であり，後に岡潔や H. カルタン (1904 - 2008) らによって大発展した多変数複素解析の一般論の諸命題の証明の鍵になり，小平邦彦による複素多様体論でも，多様体上の関数の存在を直線束係数の層コホモロジーの消滅に帰着させる議論の基礎になる，極めて重要な命題です．岡・カルタン理論や複素多様体論の展開はほぼ 20 世紀後半のことで，これらは一変数の関数論の一般化ではありますが，その実現は決してたやすいものではありませんでした．例えば，岡潔は自己の研究生活を振り返り，「峠の向こうに花畑を開きたかったが，峠を越すのがこんなに大変だとは思わなかった．」と述懐しています．岡がワイアシュトラスの予備定理の発展型である連接性定理を発見したのが 1948 年で，彼の最初の論文から 12 年かかっています．岡が亡くなった頃にはさすがに予備定理の重要性は広く認識されていたようで，例えば 1978 年に出版された数学史の本 [K-Y] では乗積定理と並んでこれが紹介されています．しかし残念なことに，その内容については「多変数の場合におけるベキ級数の分解理論に対する基礎を与える」というだけで，それ以上踏み込んでは書かれていません．そこで以下ではこのワイアシュトラスの予備定理とその周辺を，証明を含めてじっくりと味わってみたいと思います．

原論文と今の姿

　ワイアシュトラスの予備定理は，論文「多変数解析関数に関連する二三の定理」(Einige sich auf die Theorie der analytischen Funktionen mehrerer Veränderlichen beziehende Sätze, 1879) の冒頭に書かれた，第一義的には多変数の正則関数の零点集合を正確に記述するための基本的な命題です．ワイアシュトラスの緻密な文章の鑑賞もかねて，少しだけ原論文を読んでみましょう．

1. 予備定理 (Vorbereitungssatz)*

　$F(x, x_1, \cdots, x_n)$ を，$x, x_1, \cdots, x_n$ の通常のベキ級数の形で表された関数で，これらの変数が一斉に零になるときやはりまた零になるものとすれば，級数の収束域に属する $x, x_1, \cdots, x_n$ の値の組で，等式

$$F(x, x_1, \cdots, x_n) = 0$$

を満たすものが，つねに無限個存在する．

　多くの研究においては，これらの値の組のうち，各成分の絶対値が十分小さく設定された一定の限界 δ を越えないものを決定することが問題となる．

　この問題は以下のようにして解くことができる．

　$F(x, 0, \cdots, 0)$ を $F_0(x)$ で表し

$$F(x, x_1, \cdots, x_n) = F_0(x) - F_1(x, x_1, \cdots, x_n)$$

とおけば，F_1 は $x_1, \cdots, x_n$ が一斉に零になるとき任意の x の値に対して零に等しい．さしあたり，$F_0(x)$ は x のすべての値に

対して零になることはないものとしよう．

　これが第1頁めで，続けて約4頁にわたる議論の末，
$$F(x, x_1, \cdots, x_n) = f(x, x_1, \cdots, x_n) \cdot C\mathcal{F}(x, x_1, \cdots, x_n)$$
という等式が導かれます．これが予備定理の結論にあたります．ここで f は F と同じ零点を持ち，変数 x について多項式の形をした関数で，C は零でない定数，$\mathcal{F}$ は零点を持たない関数です．F から $C, \mathcal{F}$ をどのようにして構成するかが4頁分の議論の内容で，これが証明になっています．

　定理の主張を集合論をベースとした今日の数学のスタイルで述べるため，以下の記号を準備します．

　$\mathbf{C}\{z\} = $ 変数 $z(=(z_1, \cdots, z_n) = (z', z_n))$ に関する，$z = 0$ を中心とした収束べキ級数の集合
$$f \in \mathbf{C}\{z\} \Rightarrow \mathrm{ord} f := \max\{j\,;\, t^{-j} f(tz) \in \mathbf{C}\{z, t\}\},$$
$$\mathrm{ord}_{z_n} f := \max\{j\,;\, z_n^{-j} f(0, z_n) \in \mathbf{C}\{z\}\},$$
$\mathbf{C}\{z\}^0 = \{f \in \mathbf{C}\{z\}\,;\, f(0) \neq 0\}$,
$\mathbf{C}\{z\}_n^0 = \{f \in \mathbf{C}\{z\}\,;\, f(0, z_n) \neq 0\}$,
$\mathbf{C}\{z'\,;\, z_n\} = \mathbf{C}\{z'\}$ を係数とする z_n に関する多項式の集合,
$$f \in \mathbf{C}\{z', z_n\} \Rightarrow \deg f := \max\left\{j\,;\, \left(\frac{\partial}{\partial z_n}\right)^j f(z) \neq 0\right\}$$
$\mathbf{C}\{z'\,;\, z_n\}_W = \{f \in \mathbf{C}\{z', z_n\}\,;\, f$ の最高次の係数は1で，他の係数は $z' = 0$ で $0\}$ ($W \leftarrow$ Weierstrass).

　この言葉では，ワイアシュトラスの予備定理は次のようになります．

> **定理1** $f \in \mathbf{C}\{z\}_n^0$ かつ $\mathrm{ord} f > 0$ ならば $f_W \in \mathbf{C}\{z'; z_n\}_W$ と $u \in \mathbf{C}\{z\}^0$ で $f = f_W u$ を満たすものが一意的に存在する.

この証明を何通りかご紹介したいと思います．まず上記のワイアシュトラスの証明ですが，紙数の制約上，1927年にW.ヴィルティンガーがクレレ誌に発表した短縮形（cf. [W]）に沿ってご紹介しましょう．

ワイアシュトラス・ヴィルティンガーの証明

$f \in \mathbf{C}\{z\}_n^0$ に対し，$f(0, z_n)$ の最低次の項が z_n^k ($k = \mathrm{ord}_{z_n} f \geqq 1$) であるとして示せば十分．一意性は根と係数の関係より明白なので，存在を示す．

ある $f_k = z_n^k + P_1 z_n^{k-1} + \cdots + P_n \in \mathbf{C}\{z', z_n\}$ に対し，ベキ級数 $f - f_k$ の各項の次数は $k+1$ 以上になる．$g_k = f - f_k$ とおく．

仮定より，円環 $\varrho/2 < |z_n| < \varrho$ と多重円板 $|z'| < \sigma$ ($|z'| := \max\{|z_1|, \cdots, |z_{n-1}|\}$) を選び，$z$ の成分がこの範囲にあるときは，$|f - z_n^k| + |g_k| < |z_n^k|$ であるようにできる（σ/ϱ を十分小にとる）．するとこの範囲で $|f - z_n^k| < |z_n^k|$ となるので，$f = z_n^k(1+h)$ とおけば $|h| < 1$ である．よって $h = z_n^{-k}(f - z_n^k)$ を

$$\log(1+h) = h - \frac{h^2}{2} + \frac{h^3}{3} - \cdots$$

に代入したものはこの範囲で正則関数になる．作り方から，$\log(1+h)$ は z_n に関して負ベキの項も許したベキ級数（ローラン級数）で，係数はすべて $z' = 0$ で零になる．これを $A + B$ と通常のベキ級数 A と負ベキの項から成る部分 B に分ければ，

$$f e^{-A} = z_n^k e^B$$

となり，左辺は通常のベキ級数だから右辺もそうで，従って $z_n^k e^B \in C\{z';z_n\}_W$ とならざるを得ない．よって
$$f_W = z_n^k e^B, \quad u = e^A$$
とおけばよい． □

この証明を，筆者はC.L. ジーゲル (1896-1981) の論文 [Sg] を読んで知りました．（ジーゲルは大数学者で，1978年に数学としては当時最高の名誉であるウルフ賞を受賞しています．）この論文では，ワイアシュトラスの予備定理とその証明について，他にも重要な指摘がされています．次にその一部を手短にご紹介しましょう．

異工同曲？

ジーゲルの論文は，ヴィルティンガーによる上の議論の紹介の後，次のように続きます．

> ヴィルティンガーは，シュティッケルベルガー* が既に1887年に，本質的に同一のエレガントな証明を出版していたことに言及していない．またヴィルティンガー以前にも，この証明はハルトークス [H] によって1909年に再発見されていた．

---

* [St] (L.Stickelberger, 1850-1936)

これに続けて，1929 年の H. シュペート (1885-1945) の論文 [Sp] で予備定理が一般化され，次の形になったことが述べられます．

> **定理 2** $f \in C\{z\}_n^0$, $g \in C\{z\}$ に対し一意的に定まる $q \in C\{z\}$, $r \in C\{z';z_n\}$ があって，$g=fq+r$ かつ $\deg r < \mathrm{ord}_{z_n} f$ となる．

証明のスケッチ： $f=z_n^k$ ($k=\mathrm{ord}_{z_n}f$) のときは明白．一般の場合 $f=z_n^k\tilde{f}+\hat{f}$ と z_n に関して k 次以上の項とそれ未満の項に分けたとき，仮定より $1/\tilde{f} \in C\{z\}$ だから $f/\tilde{f}=z_n^k+h$ ($h \in C\{z';z_n\}$, $\deg h<k$ かつ $\mathrm{ord}\, h>k$) に対して示せば十分．ここで h を誤差項と考えて，商と余りを誤差項付きで出す式を，逐次近似で極限をとって正しい答が出るように工夫すればよい． □

ただし，大学院の入試の面接などでこんな答えかたをすると (試験官次第ですが) 追求されることがあると思います．たとえば漸化式
$$v_0:=g,\ v_1:=(z_n^k-(z_n^k+h))g$$
$$=-hg,\cdots,v_{j+1}:=(z_n^k-(z_n^k+h))\tilde{v}_j=-h\tilde{v}_j,\cdots$$
によって作った級数 $\displaystyle\sum_{j=0}^{\infty}(v_j-v_{j+1})$ が g に収束する理由や
$$q=\sum_0^{\infty}(z_n+h)\tilde{v}_j,\ r=\sum_0^{\infty}(v_j-z_n^k\tilde{v}_j)$$
とおけばよい理由などを根掘り葉掘り尋ねられるなどです．そ

んなとき，緊張で頭が真っ白になっていたとしても，どこかの大数学者のように試験官に黒板消しを投げつけたり，「そんな明らかなことには答えたくない」などと言ったりせず，少しは考える振りをするようにしたいものです．

定理 2 が定理 1 の一般化であることは，これを $g=z_n^k$ に対して用いて
$$z_n^k = fq+r$$
と書いた時，$z_n^k - r \in \mathbf{C}\{z';z_n\}$, $q^{-1} \in \mathbf{C}\{z\}^0$ となることからわかります．このように，定理 2 を認めれば定理 1 はすぐに証明できてしまうので，定理 1 を定理 2 の系として書いている本もあります．定理 2 は**シュペートの定理**または**ワイアシュトラスの割算定理**と呼ばれますが，定理 1 から定理 2 が導けることがすでに 1887 年のシュティッケルベルガーの論文に含まれていることを，ジーゲルは指摘しています．もっともシュペートの証明には新しい点があり，これによって定理 2 が定理 1 によらずに独立に証明できるだけでなく，予備定理を完備な付値体上のベキ級数環へと拡張することができます．その方法は上で述べた通りではありますが，ジーゲルによれば「いささか骨の折れる逐次近似法」(etwas mühsameren Rekursion) であり，これにしてもすでに 1891 年に A. ブリル (1842-1935) が証明のスケッチを書いています (cf. [B])．そこでは，ワイアシュトラスとシュティッケルベルガーの論文が出版されたゆえ，詳細の発表は見送る旨が表明されているそうです．

ジーゲルの論文ではこの後，L. ヘルマンダー (1931-2012) の本 [Hö] と S.S. アビヤンカー (1930-2011) の本 [A] を槍玉に挙げ，「割算定理を予備定理と呼んでいるテキストがあるが，それは歴史的にも実際的にも正当性を欠く」と批判しています．そ

の矛先はアビヤンカーの本の題「局所解析幾何」(Local analytic geometry)にも及び，これは1797年以来天才デカルトのお蔭で明確な意味で用いられて来た解析幾何という言葉の全くの誤用であると斬って棄てます．ヘルマンダーはフィールズ賞の受賞者でアビヤンカーもそのクラスの有名な数学者ですが，ジーゲルはそもそも今どきの若い者は何も知らないと言わんばかりで，ヒットラーのナショナリズムにまで言い及んで世を嘆く風の文章が続きます．読者としては一体どうなることかとハラハラしますが，最後は上のヴィルティンガーの証明を少し言い直して負ベキの項を含まない級数の範囲で証明ができることを示し，結局のところ，「私にとっては80年前のシュティッケルベルガーの証明が最も短く，最も見通しがよく，最も当を得たものなのだ」という，一応は頷ける結論が述べられます．

ちなみにジーゲルは，筆者の知人の評では「風変わりな(peculiar)」人物で，逸話が多い数学者です．聴講者が皆欠席した授業できっちり一回分の講義をした話が有名ですが，筆者がかつてゲッチンゲン大学に滞在中，そこに伝わる小さな逸話をいくつも教えてもらいました．しかし，あるときミュンスター大学でR. レンメルト(1930-2016)先生に「そのうちの幾つかは本当だ」と釘を刺されたので，ここで述べることは差し控えます．

さて，前節の最後ですでに白状していますが，実のところ，上のようなジーゲルのお気に入りの証明は，今日の複素解析のテキストにはあまり書かれていません．というのも，予備定理を(割算定理によらずに)最初に証明する場合，留数定理を応用するのが一般的だからです．たとえばよく読まれているP. グリフィス(1938-)とJ. ハリス(1951-)の本 [G-H] には次のような証明が書かれています．

定理1の証明（存在性） 簡単のため，$w=z_n$ とおく．正の数 r,δ,ε を適当に取り，$|w|=r$ のとき $|f(0,w)|\geq\delta$，$|w|=r$ かつ $|z'|\leq\varepsilon$ のとき $|f(z',w)|\geq\delta/2$ であるようにできる．$w=b_1,\cdots,b_k$ を $f(z',w)=0$ の $|w|<r$ における解とすると，留数定理により

$$b_1^j+b_2^j+\cdots+b_k^j=\frac{1}{2\pi i}\int_{|w|=r}w^j\frac{\partial f}{\partial w}(z',w)\frac{dw}{f(z',w)};$$

したがって，ベキ和 $\sum_{\mu=1}^{k}b_\mu^j(z')$ は領域 $|z'|<\varepsilon$ 上の正則関数である．$\sigma_1(z'),\cdots,\sigma_k(z')$ を $b_1,\cdots,b_k$ の基本対称式とすれば，$\sigma_1,\cdots,\sigma_k$ はベキ和 $\sum b_\mu^j(z')$ の多項式で書ける．よって $f_w(z'w)=w^k-\sigma_1(z')w^{k-1}+\cdots+(-1)^k\sigma_k(z')$ とおけばよい． □

ジーゲルが1968年に論文を書いた頃もこのような証明が一般的だったのですが，ワイアシュトラスがコーシーの理論を使わなかったことも有名でしたので原論文の証明が一定の興味を引いたというわけでした．ジーゲルは論文の最初の方で，この議論はポアンカレの1879年の論文によるもので，$n=2$ の場合には1830年にコーシーが指摘していたと述べています．筆者にはこれで十分だと思えるのですが，積分定理は複素数体上のベキ級数にしか使えないので，代数学の立場からは不満かもしれません．

ちなみに，ワイアシュトラスにとっては収束ベキ級数こそ解析関数の構成要素であり実体でもあったわけですが，予備定理の証明法を見ても，ベキ級数の扱いに対して同じ姿勢を貫いているように思えます．その態度は愛弟子シュワルツにあてた手

紙の有名な一節に，一層良く現れています．

　　私は関数論の諸原理を考究すればする程——そして私は絶えずそのことをして来たのですが——益々，これ等の諸原理は代数学的真理の基礎の上に立っていること，従って，若し，逆に，代数学の簡単な基本的な定理を立証するために超限の助けを借りようとするならば，それは真の方法ではないことをかたく確信するように至ったのであります．
　　　　　　　　ポアンカレ著「科学者と詩人」
　　　　　　　　　　（平林初之輔訳　岩波文庫）より

さて，ヘルマンダーやアビヤンカーが「誤って」予備定理と呼んだ定理2が，定理1よりもっと直接的に示唆している原理があります．それは次元に関する帰納法です．代数的な言葉で言うなら $k = \mathrm{ord}_{z_n} f$ に対し

$$ \mathbf{C}\{z\}/f\mathbf{C}\{z\} \cong \overbrace{\mathbf{C}\{z'\} \oplus \cdots \oplus \mathbf{C}\{z'\}}^{k} $$

ということで，定理2をこう読むことが多変数解析関数論において決定的に重要な**連接層の理論**の出発点であるといっても過言ではありません．連接層については別の機会に述べたいと思いますが，せっかくここまで来たのですから，雰囲気に触れるため，その名もズバリ「解析的連接層」(Coherent analytic sheaves) という，H. グラウエルト (1930-2011) とレンメルトの名著[G-R]の一節を読んでみましょう．

　　$\mathbf{C}^n$ 上の正則関数の芽の層の連接性は，解析的連接層の全理論の根本的部分である．この連接性という基本的問題は，1944年に CARTAN (H. カルタン) [CAR, p.572 およ

び p.603] で提出された．OKA (岡潔) は 1948 年に層 $\mathcal{O}_{\mathbf{C}^n}$ の連接性を証明し，この結果を彼の有名な第七論文 Sur quelques notions arithmetiques (二三の算術的概念について)，Bull. Soc. Math. France 78, 1-27 (1950)（[OKA]，p.80 およびこの論文に対するカルタンの注釈を参照）で印刷公表した．層の言語を持ちあわせなかった OKA は，関係式の層に対して局所的に有限個の生成系を求める問題を，「有限個の擬基底を求める」という形で 定式化した (cf. Problème (K), p.87)．この問題を，彼は WEIERSTRASS の割算定理を用いて解いている．

「層の言語を持たない」とは，あたかも岡が未開の地にでもいたような表現ですが，実際にも当時の日本はまだアメリカやヨーロッパから見れば「極東」と呼ばれる最果ての地であり，しかも第二次世界大戦のため，1940 年から 5 年の間，文献の往来が全く途絶えていたのでした．

ちなみに層の言葉では，$\mathbf{C}\{z-c\}$ ($c \in \mathbf{C}^n$) は正則関数の c における芽の集合 $\mathcal{O}_{\mathbf{C}^n,c}$ ($\mathcal{O} \Leftarrow OKA$) となり，定理 2 の意味するところは

$$\mathcal{O}_{\mathbf{C}^n,0}/f\mathcal{O}_{\mathbf{C}^n,0} \cong \mathcal{O}_{\mathbf{C}^{n-1},0}^{\oplus k}$$

と書けます．また，集合としては $\mathcal{O}_{\mathbf{C}^n} = \coprod_{c \in \mathbf{C}^n} \mathcal{O}_{\mathbf{C}^n,c}$ (非交和) です．

ワイアシュトラスの予備定理の発展型は，上記の他にも C^∞ 級の関数への一般化（マルグランジュの予備定理）があり，微分トポロジーの理論の基礎になっていますが，本章はこの辺で一区切りとし，次章は通常の「現代の古典」に戻って，リーマン面について，楠先生の本（前出）に近い観点から話題を拾ってみたいと思います．

参考文献

[A] Abhyankar, S. S., Local analytic geometry, Academic Press, New York 1964.

[B] Brill, A., Ueber den Weierstraßschen Vorbereitungssatz, Math. Ann. 30 (1910), 538 - 549.

[CAR] Cartan, H., Idéaux des fonctions analytiques de n variables complexes, Ann. de l'Ecole Norm. Sup., (3) 61 (1944), 149 - 197.

[G-H] Griffiths, P.-A. and Harris, J., Principles of algebraic geometry, John Wiley & Sons, Inc. 1978 (Wiley Classics Library, 1994).

[G-R] Grauert, H. and Remmert, R., Coherent analytic sheaves, Springer Verlag, 1984.

[H] Hartogs, F., Über die elementare Herleitung des Weierstrass' schen „Vorbereitungssatzes", Bayer. Akad. Wiss. Math.-Naturw. Kl. S.-B. 1909, Nr. 3, 12 S.

[Hö] Hörmander, L., An introduction to complex analysis in several variables, D. van Nostrand Comp., Inc., Princeton (N. J.) 1966. [多変数複素解析学入門　笠原乾吉　訳　東京図書, 1973]

[K] Klein, F., Vorlesungen über die Entwicklung der Mathematik im 19. Jarhhundert I (Springer, 1926) [クライン：19世紀の数学，弥永昌吉　監修　足立恒雄・浪川幸彦　監訳　石井省吾・渡辺弘　訳　共立出版, 1995]

[K-Y] Kolmogorov, A. N. and Yushkevich, A.P. (ed.), Mathematics of the 19th century, Geometry, Analytic function theory (Birkhäuser, 1996) [19世紀の数学 II 幾何学・解析関数論　小林昭七　監訳　小林昭七・藤本坦孝　訳, 朝倉書店, 2008]

[N] 野口潤次郎　多変数解析関数論・学部生に送る岡の連接定理　朝倉書店, 2013.

[OKA] Oka, K., Collected Papers (Springer Collected Works in Mathematics), 1984 (reprinted in 2014), edited by H. Cartan, R.

Remmert and R. Narasimhan.

[Sg] Siegel, C.L., Zu den Beweisen des Vorbereitungssatzes von Weierstrass, Number theory and Analysis, A collection of papers in honor of Edmund Landau (1877-1938), Springer Verlag, 1968, pp. 297-306.

[Sp] Späth, H., Der Weierstraßsche Vorbereitungssatz, J. reine angew. Math. **161** (1929), 95-100.

[St] Stickelberger, L., Ueber einen Satz des Herrn Noether, Math. Ann. **30** (1887), 401-409.

[W] Wirtinger, W., Über den Weierstrass'schen Vorbereitungssatz, J. reine angew. Math. **158** (1927), 260-267.

第 10 章

真の変数を求めて

■ 関数の決定要件とディリクレ問題

　さて，話はワイアシュトラスからリーマンをへて，コーシーの積分，シュワルツの幾何へと進み，前章はワイアシュトラスに戻って予備定理について詳しく見たわけですが，本章ではリーマンに戻り，リーマン面の話の続きをしたいと思います．

　関数の最大値や平均値など，そこに情報が集約する重要な数値についての一般的な原理を学ぶのが微積分学の主目的であったとすれば，変数を複素数にまで拡げることの利点の一つは，情報源である関数を限られたデータから再構築するという，いわば逆問題が解ける環境が作れることにあります．その著しい例がコーシーの積分公式だったわけですが，リーマンは代数関数の研究の必要上，関数はその零点と極を押さえれば決まるという観点を採りました．コーシーの積分定理とコーシー・リーマン方程式を嫌ったワイアシュトラスにしても，解析関数は収束ベキ級数という関数要素の集まりではあるものの，その本性は

$$\sin \pi z = \pi z \prod \left(1 - \frac{z^2}{n^2}\right) \qquad (n \text{ は自然数を動く})$$

$$\frac{1}{\Gamma(z)} = z e^{\gamma z} \prod_{n=1}^{\infty} \left(1 + \frac{z}{n}\right) e^{-z/n}$$

$$(\Gamma(z) \text{ はガンマ関数で } \gamma = \lim_{n \to \infty} \left(\sum_{k=1}^{n} \frac{1}{k} - \log n\right))$$

$$\sigma(z) = z \prod \left(1 - \frac{z}{\omega}\right) \exp\left(\frac{z}{\omega} + \frac{z^2}{2\omega^2}\right)$$

(ワイアシュトラスのシグマ関数)

などの因数分解や,

$$\pi \cot \pi z = \frac{1}{z} + \sum \left(\frac{1}{z-n} + \frac{1}{n}\right) \quad (n \text{ は 0 でない整数を動く})$$

$$\wp(z) = \frac{1}{z^2} + \sum \left(\frac{1}{(z-\omega)^2} - \frac{1}{\omega^2}\right)$$

(ワイアシュトラスのペー関数)

などの部分分数分解を通じて明らかになるので,零点や極の分布と関数の性質が関連し合っていることはやはり重要です.この点はさらにリーマンによって

> それ(関数)を決定するために必要で互いに独立な十分条件の体系を確立しなければならない

という言い方で強調され,リーマン面上の関数論を建設する基本的な思想になりました.この考え方は物理学における数理モデルの構築や整数論への応用などへと広がり,その影響は今日まで及んでいます.前者に関してはカラビ・ヤウ多様体をめぐる超弦理論,後者に関しては素数の分布法則を予言するリーマ

ン予想(未解決)が有名ですが，最近はこれらの諸問題を共通の地盤で一挙に解決しようという動きさえあるようです．リーマンの関数論の具体的内容については，ここではまだその一端に触れただけですが，ともかく零点と極で関数の急所を捉えようというのですから，関数をどうしてもその最大の定義域上で考える必要があります．そうでなければ零点や極といった情報は明らかに不完全だからです．従って，特に代数関数に対して，リーマン面の導入は必然でした．都合の良いことに，コーシーの積分公式はリーマン面上の正則微分に対して自然な形で拡張でき，それにより多変数の周期関数の詳しい理論への道が開けたのでした．

　元々代数関数論を目的としたという点において，リーマンとワイアシュトラスは本質的に異なるビジョンを持っていたわけではありません．リーマンの視点の利点はいわば地政学的なものです．つまり，ベキ級数から出発したワイアシュトラスにとって，変数は複素平面上に限られていたので，彼の考察は基本的には局地的(または局所的)であったのに対し，リーマンは大胆にも面を切り開いて作った境界つきの「多重領域」上で作った変数を使うことができたので，一挙に全面的な(または大域的な)考察を行うことができたということです．ここには，強力な存在定理に基礎づけられた理論の，視界の広さの実例があります．

　ところがリーマンが全理論の拠り所とした，「平面内の単連結な(穴のない)領域は，境界が円周と同相なら円板上に等角に写像できる」の証明には穴があり(1870年にワイアシュトラスが指摘)，それを補うことが大きな課題として残されました．その穴とは，「与えられた境界値を持つ調和関数が存在する」という

部分で，いわゆるディリクレ問題です．リーマンの解法は，与えられた境界値を持つ関数 $u = u(x, y)$ のうちでディリクレ積分

$$\int \left\{ \left(\frac{\partial u}{\partial x}\right)^2 + \left(\frac{\partial u}{\partial y}\right)^2 \right\} dxdy$$

を最小にするものがそうだというものでしたが，ワイアシュトラスはこの議論が一般論としては不適切であることを，反例をあげることによって示したのです．ちなみに，ディリクレ問題とは P.G.L. ディリクレ (1805-59) が提起したもので，「均質な物体の表面での温度の分布がわかっているときに，内部における温度の分布を決定する」という物理学の問題を数学的に表現し，一般化したものを言います．リーマンはベルリン大学で学ぶ間，ディリクレの講義に特に大きな感銘を受けたようです．

　リーマンの証明の欠陥を最初に補ったのはシュワルツ (1870年に発表) でした．シュワルツの方法は交代法と呼ばれ，与えられた領域を分割し，各部分でディリクレ問題を解くことを繰り返すことにより，共通部分で同じ極限に収束するような解の列を構成するというものでした．この方法だと，リーマンが主張した命題は，境界が区分的に実解析的な曲線である場合にしか証明できませんが，閉リーマン面上の関数論に必要な部分はこれで十分なのでした．ところが，1882 年 5 月，寝た子を起こすようにしてシュワルツは新たな問題を提起したのです．

　そもそもリーマン面の概念は，最初リーマンが学位論文で導入したときは，**C** 上の領域に分岐点をつけ加えた形のものでした．この上の関数論が整備されるに従い，最終的には 1 次元複素多様体上ですべてがうまく行くということが判明したのでこれをリーマン面と呼んでいます．一般に，複素多様体は $\mathbf{C}^n$ 内

の領域を貼り合わせたものでしたが，驚くべきことに，$n=1$ の場合に限ってですが，複素多様体の概念はリーマンの意味のリーマン面と一致するのです．閉リーマン面の場合，この一致は 1913 年に出版された H. ワイル (1885-1955) の名著「リーマン面の概念」(Die Idee der Riemannschen Fläche, 田村二郎訳「リーマン面」岩波書店) でも詳述され，複素多様体論の展開に大きな影響を与えました．(最終的には H. ベーンケ (1898-1979) と K. シュタイン (1913-2000) が 1947 年の論文で解決．)

リーマンからワイルまでのリーマン面の研究の経緯について，レンメルトが「リーマン面から複素空間へ」という論説 (cf. [R]) で詳しく書いていますが，その中からシュワルツが提起した問題に関する部分を取り出してご紹介したいと思います．

一意化定理

シュワルツの問題は，クラインとポアンカレが交わした書簡 (cf. [K]) の中に出て来ます．1882 年 5 月 14 日付けのゲッチンゲンからの手紙で，クラインは，パリのポアンカレ宛に次の文章を書きました．

> シュワルツ (先生) は，リーマン面をある仕方で切断されたものと見なし，切り取られた部分が自身のコピーで無限に被覆された後異なる部分のコピーどうしが切断線に沿って適当に貼り合うことにより，多角形で敷きつめられた形

の平面領域が生ずると考えます．このようにして生じた面は単連結であり，一つの境界成分を持ちます．ということは，この単連結な面が，円板の内部へと周知の仕方で (= 等角に) 写像できるかということが問題になります．(Schwarz denkt sich die Riemannsche Fläche in geeigneter Weise zerschnitten, sodann unendlichfach überdeckt und verschiedenen Überdeckungen in den Querschnitten so zusammengefügt, daß eine Gesamtfläche entsteht, welche der Gesamtheit der in der Ebene nebeneinander zu legenden Polygonen entspricht. Diese Gesamtfläche ist . . . *einfach zusammenhängend und einfach berandet*, und es handelt sich also nur darum, einzusehen, daß man auch eine solche einfach zusammenhängende, einfach berandete Fläche in der bekannten Weise auf das Innere eines Kreises abbilden kann.)

ポアンカレも既に同じ考えを持っていたことが，5月18日付けの返事の次の文面から窺えます．

> シュワルツ氏のアイディアははるかに長い射程を持っています．(Les idées de M. Schwarz ont une portée bien plus grande.)

クラインとポアンカレはそれまで，楕円モジュラー関数を一般化した保型関数の理論を，互いにしのぎを削るようにして研究してきたのでした．鏡像原理により幾何学的に構成された楕円モジュラー関数 $\lambda(\tau)$ $(\tau \in \mathbf{H} = \{\mathrm{Im}\,\tau > 0\})$ の場合ですと，

$$\lambda(\tau+1)=\frac{\lambda(\tau)}{\lambda(\tau)-1},\ \lambda\left(\frac{-1}{\tau}\right)=1-\lambda(\tau)$$

となり，変数の変換

$$\tau \to \frac{a\tau+b}{c\tau+d}\quad (a,b,c,d\in \mathbf{Z},\ ad-bc=1)$$

によって λ の値は $\lambda,\ \dfrac{1}{1-\lambda},\ \dfrac{\lambda-1}{\lambda},\ \dfrac{1}{\lambda},\ \dfrac{\lambda}{\lambda-1},\ 1-\lambda$ の 6 通りに変化しますが，これが保型性の一例です．一般には，独立変数の一定の変換によって従属変数が一定の形で変換するのが保型関数です．上のやりとりに先立って，1882 年の 3 月，クラインはシュワルツの三角形関数の理論の一般化に導かれて，保型関数の真の変数は何かという根底的な問に対する答えを予測し，それを「中心定理」と名付けていました．「それは円板 **D**（または上半平面 **H**）上にある」というのがクラインの結論でした．λ は **H** を定義域とし，$\mathbf{C}-\{0,1\}$ を値域に持つ関数ですが，シュワルツの指摘によれば，$\mathbf{C}-\{0,1\}$ を一般のリーマン面に置き換えても，ある単連結なリーマン面からそこへの自然な正則写像があり，その構成法は鏡像原理によるものと同様になります．したがって，「このようにしてできた単連結な面が，円板の内部へと周知の仕方で写像できるか」という問は，一般的な「中心定理」の証明の核心をなすアイディアになったのです．ポアンカレの「射程」の意味はこれにとどまらないのですが，保型関数は確実にその中に入っていたのでした．

1883 年，ポアンカレはシュワルツの問題と同等な内容を次の形で述べ，それをできるだけ一般的な形で解こうとします．

y を x の一価とは限らない任意の解析関数とする．このとき常に，ある変数 z が存在して，x と y は z の一価関数

になる．

　1900年にパリで開かれた第2回の国際数学者会議で，ヒルベルトは23の未解決問題を提出しましたが，その第22題めがこの問題の一般的解決を求めるものでした (cf. [H])．その時までに，ポアンカレはyがxの代数関数である場合にこれを解決しており，1901年には一般の場合にも解けたことを主張しましたが，後者の議論は不十分だったようです．結局この問題は，ポアンカレと P. ケーベ (1882-1945) によって，1907年に出された論文で互いに独立に解決されました．その成果は，端的には次の定理としてまとめられます．

定理1（一意化定理）　単連結なリーマン面は，$\hat{\mathbf{C}}, \mathbf{C}, \mathbf{D}$ のいずれかに双正則同型である．

　ケーベはシュワルツの指導で学位を取った人で，一意化定理は彼の学位論文です．この論文で，ケーベは一つの予想を提出しました．それは L. ビーベルバッハ (1886-1982) によって1916年に証明されましたが，今日では「ケーベの1/4定理」として知られています．

定理2（ケーベの1/4定理）
　　$f \in \mathcal{O}(\mathbf{D}), f(0)=0, f'(0)=1$，かつ f は単射であるとする．このとき $f(\mathbf{D}) \supset \{z; |z|<1/4\}$.

　ビーベルバッハはこの論文で，詳しくは述べませんが定理2

の一般化にあたる予想を出しました．これはビーベルバッハ予想として長い間有名な難問として残っていましたが，1985年にL. ドブランジュ (1932-) によって解決され，そのニュースは日本でも新聞に載りました．これは現在ドブランジュの定理と呼ばれています．ちなみにドブランジュはリーマン予想に挑戦し続けていることでも有名で，こちらは2013年にテレビで紹介されました．

さて，シュワルツのアイディアに戻りますと，ポアンカレの言った通りその射程は極めて長く，複素解析の範囲を大きく越える所に及んでいます．それについて述べるため，「リーマン面を覆う無限個の切片を貼り合わせる」という手続きの詳細（例えば [久] を参照）を説明する代わりに，この内容を一旦現代的な表現で言い換えてみましょう．

普遍被覆面

以下ではリーマン面はすべて連結と仮定します．与えられたリーマン面 X からシュワルツが作った面を $\tilde{X}$ で表します．$\tilde{X}$ を X のシュワルツ面とでも呼びたいくらいですが，通常は X の**普遍被覆面**といいます．それはさておき，$\tilde{X}$ は以下に述べる二つの性質によって一意的に決まってしまいます．リーマン面を切り貼りする構成は，その存在証明の一つと考えればよいでしょう．

> **性質1** 局所同相正則写像 $\pi:\tilde{X}\to X$ があり，X の各点に対しその近傍 U を適当にとれば，π は $\pi^{-1}(U)$ の各連結成分上で U への同相写像になる．

一般に，この性質を持つ写像を**被覆写像**といいます．

例1 $X=\mathbf{C}-\{0\}$, $\tilde{X}=\mathbf{C}$, $\pi(z)=e^z$.

> **性質2** リーマン面 X' と被覆写像 $\pi':X'\to X$ があると，正則写像 $f:\tilde{X}\to X'$ で $\pi'\circ f=\pi$ をみたすものが存在する．

特に，性質2から $\tilde{X}$ が単連結であり，同型を除いて一意的であることが従います．ただし，一般の距離空間の単連結性の定義は次の通りです．

> **定義1** 距離空間 M が単連結であるとは，閉区間 $[0,1]$ から M への連続写像 f,g で $f(0)=g(0)$, $f(1)=g(1)$ をみたすものが与えられれば常に，連続写像 $H:[0,1]\times[0,1]\to M$ で次をみたすものが存在する(ホモトピー同値性)ことをいう．
> $$H(s,0)=f(0)=g(0),$$
> $$H(s,1)=f(1)=g(1),\ s\in[0,1],$$
> $$H(0,t)=f(t),\ H(1,t)=g(t),\ t\in[0,1].$$

シュワルツのアイディアの射程は距離空間を越えています．というのも $\tilde{X}=X$ を X の単連結性の定義とみなすことが可能

だからです．深入りはしませんが，この機会に普遍被覆面の概念を位相空間の言葉で言い直しておきましょう．

> **定義2** 集合 A のべき集合 ($=2^A$) の部分集合 T が A の (一つの)**位相**であるとは，$A, \varnothing \in T$ であり，かつ T の任意の部分集合の和 ($=$ 合併)，および T の任意の有限部分集合の共通部分が，常に T の要素であることをいう．位相付きの集合を**位相空間**という．

位相空間 (A, T) に対し，T の要素を A の**開集合**といい，集合 $\{A-U ; U \in T\}$ の要素を A の**閉集合**といいます．リーマン面の場合のように T が何であるかが明白な場合は，「位相空間 A に対し」のような言い方をします．距離空間の通常の開集合全体は位相の代表例です．その他に重要なものとして**ザリスキー位相**がありますが，ここでは例を示すにとどめます．

例2 $A = \mathbf{C}$, $T = \{\mathbf{C} - \delta ; \#\delta < \infty\} \cup \{\varnothing\}$.

この位相により，空でない開集合はすべて全空間 A 内で稠密です．

> **定義3** 位相空間 (A_1, T_1), (A_2, T_2) の間の写像 $f: A_1 \to A_2$ が**連続**であるとは，A_2 の任意の開集合 U の f による逆像 $f^{-1}(U)$ が A_1 の開集合になることをいう．

これらをふまえて，同相写像，近傍，局所同相などの概念を距離空間の場合と同様に定義します．ただし連結性の定義

は，一般性を持たせるために次のようにします．

定義4 位相空間 A が**連結**であるとは，空でない二つの開集合の非交和で**ない**ことをいう．A の連結成分とは，空でない連結な部分集合で包含関係に関して極大なものをいう．

定義5 連結な位相空間 A からの局所同相写像 $\pi: A \to B$ があり，B の各点に対しその近傍 U を適当にとれば，π は $\pi^{-1}(U)$ の各連結成分上で U への同相写像になるとき，π を**被覆写像**という．（各点が連結な近傍を持つ場合でないとあまり意味がない．）

例3 $A = S^n := \{x \in \mathbf{R}^{n+1}; \|x\| = 1\}$,
$B = \mathbf{RP}^n := \{\{x, -x\}; x \in S^n\}$,
$\pi(x) = \{x, -x\}$.

定義6 被覆写像 $\pi_1: A_1 \to B$, $\pi_2: A_2 \to B$ に対し，「$\pi_1 \geq \pi_2 :\Leftrightarrow$ 連続写像 $f: A_1 \to A_2$ が存在して $\pi_2 \circ f = \pi_1$ となる」とおくことによって順序関係を定義したとき，最大元の定義域を B の**普遍被覆空間**という．

$n \geq 2$ なら，S^n（n 次元球面）は $\mathbf{RP}^n$（n 次元実射影空間）の普遍被覆空間です．

被覆写像は1930年代に**ファイバー束**へと一般化され (cf. [S])，空間への群の作用を記述するための基本概念になりま

した．この動きの中心になったのは，対称空間の発見者であるE. カルタン (1869-1951) でした．クラインは，「幾何学とは群の作用で不変な量の学である」というテーゼ（エルランゲンプログラム）でも有名ですが，日本数学会の創立100周年を祝う記念講演で，M. アティヤ博士は，ファイバー束のアイディアは，クラインのこの考えとリーマンによる多様体の概念をカルタンが合体させたものだと説きました（下図を参照）．

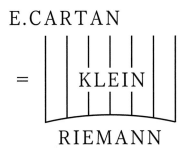

ファイバー束は量子力学の分野で1954年に提唱されたヤン・ミルズ理論で用いられたことから，ある物理学者が漏らした「物理学を知らない数学者にファイバー束が発見できた理由がわからない」という台詞が有名になったこともありました．さらに，1960年代にグロータンディークにより発見されたエタール位相は，被覆写像を用いてザリスキー位相を精密化したものと考えられますが，今日の代数幾何学において不可欠な基礎概念となっています．学識と直感にすぐれたポアンカレは，シュワルツのアイディアの射程がここまで及ぶであろうことを本当に感じ取っていたのかもしれません．

余談ながら，2016年の春の学会で東工大の川平友規准教授が函数論分科会で一般講演を行い，シュワルツの補題を用いると

リーマン予想が複素力学系の問題に翻訳できることを報告していました．感心したのでこれを知人に話したところ，「シュワルツの補題はシュワルツの定理と呼ぶべきではないか」とコメントされました．思うのですが，シュワルツの例に限らず，すぐれたアイディアというものは予測を越えた影響範囲を持っているようです．

さて，定理1により，リーマン面上の関数は三つの単連結なリーマン面のうちのどれかの変数で書けるわけですが，この事実は複素解析の一層深い研究を可能にしています．ポアンカレとクラインが基礎を築いた保型関数論がその一例です．次章はその一端に触れてみましょう．

参考文献

[H] Hilbert, D., ヒルベルト 数学の問題 - ヒルベルトの問題 - 増補版（現代数学の系譜（4））吉田 洋一（監修），正田 建次郎（監修），一松 信（翻訳） 共立出版 1969．

[K] Klein, F., Briefwechsel zwischen F.Klein und H. Poincaré in den Jahren 1881 - 82, Ges. Abh., 3. pp. 587 - 621．

[久] 久賀道郎 ガロアの夢 群論と微分方程式 日本評論社 1968

[R] Remmert, R., From Riemann surfaces to complex spaces, Matériaux pour l'histoire des mathématiques au XXe siècle (Nice, 1996), 203 - 241．Sémin. Congr., 3, Soc. Math. France, Paris, 1998．

[S] Steenrod, N., ファイバー束のトポロジー 大口邦雄訳 数学選書 26 吉岡書店 1976

第 11 章

塔の見える風景

■ ポアンカレの発見

　学会の帰りに大きな古書店に立ち寄ったとき，昭和4年に出された子供向けの偉人列伝が目にとまりました．目次を見ると，多くの人物の逸話が各々1ページずつ書かれており，乃木希典らと並んでアンリ・ポアンカレの名がありました．読んでみますと，一応当代随一の数学者として紹介されてはいるのですが，案の定，深い思考に沈んだときの常軌を逸した行動が書かれていました．

　ポアンカレは極めて独創的な多数の業績をあげ，後世に大きな影響を与えた数学者ですが，一般向けの論考を平明な文章でまとめた「科学と方法」(Science et méthode, 1908) の中で，自分の体験に即して数学上の発見について語っていることでも有名です．それは彼が L. フックス (1833-1902) の仕事を手掛かりにして保型関数に達したときのことですが，ここでは前章の話の続きとしてその発見の内容に触れてみたいと思います．手始めに，1901年に書かれた「アンリ ポアンカレの科学的業績の彼自身による分析」(cf. [P-2]) に沿って，彼の研究の動機を

探ってみましょう．

　このたいへん貴重な「自己評価報告書」は，専門誌 Acta Mathematica を創刊し主宰していたミッタク・レフラー（1846-1927）の求めに応じて 1901 年に書かれ，1921 年に出版されたもので，以下の 7 部からなります．
1. 微分方程式　2. 関数の一般的理論　3. 純粋数学の種々の問題　4. 天体力学　5. 数理物理学　6. 科学の哲学　7. 教育的なもの，啓蒙的なもの，その他

　このうち，保型関数は 1 と 2 に含まれます．2 で保型関数に関係するのは一意化定理について述べられた部分で，これについても後で述べますが，1 でまず興味深いのは，つぎのように語られるポアンカレの研究の出発点です．

　　　人は長い間，すべての方程式はべき根を用いて解くことができるであろうと期待して来た．
　　　われわれはそれを断念し，今日では，われわれは，かつてそれらを帰着しようと望んだべき根と同じ位，代数関数についてよく知っている．代数的微分の積分についても同様で，われわれは長い間それを対数関数，あるいは三角関数に帰着させようとして来た．今日ではそれは新しい超越関数で表されている．微分方程式についても，事情はほとんど同じ筈である．

　代数関数がべき根と同じくらいよく分かっているかはさておき，ポアンカレの真意は，方程式の係数を見て解の性質を言い当てるということが，より一般的な微分方程式についても可能なはずというところにあります．べき根が指数関数の特殊値で

あるところから，代数方程式
$$x^n + a_1 x^{n-1} + \cdots + a_n = 0$$
の理論と関数論の面白い関係が始まりますが，このような観点で微分方程式を見，そこから有用な関数を見つけ出そうというのは自然な発想です．

ポアンカレによれば，この分野に初めて踏み込んだのはコーシーであり，コーシーが導入したべき級数の方法を用いてフックスらが成功を収めました．それがポアンカレの研究の出発点になったのでした．微分方程式の解の研究に際しポアンカレが持ち込んだ新しい考え方は，

1° 解を，特定の領域ではなく，いたる所で有効な展開式を用いて表すこと．

2° 解の定性的性質を求める新しい方法の開発．

の二点でした．

このような一般論に続けて，報告書ではフックス関数の表題の下，30編の論文で得られた成果が述べられます．ポアンカレは，代数関数を係数とする線形微分方程式の解を調べるために，楕円関数とよく似た超越関数を導入しました．それらをポアンカレはフックス関数と呼んだのでした．そのアイディアは次のように説明されています．

楕円関数がどのようにしてうまれたかを思い出してみよう．われわれは第1種楕円積分とよばれるある積分を考え，次に反転(inversion．逆関数を作ること)とよばれる操作で，変数 x を積分の変数と考えた．このように定義された関数は1価でかつ2重周期的である．

今度も同様に，われわれは2階の線形方程式を考える．そしてある種の反転によって変数 x をこの方程式の（一つの解ではなく）二つの解の比，z の関数と考える．このように定義された関数は，ある場合に1価関数となる．そしてその時にはこの関数は無数の1次分数変換

$$\left(z, \frac{\alpha z + \beta}{\gamma z + \delta}\right)$$

によって不変となる．

アーベルが楕円積分の逆関数として楕円関数を発見したことに倣おうということですが，このアイディアは，すでにシュワルツの仕事に含まれています．つまり，円弧三角形を円板上に等角写像する関数はこのようにして見つけられたのでした．実のところ，ポアンカレはリーマンやシュワルツの仕事を（おそらくこれらがドイツ語で書かれていたため）知らずに，フランス語で書かれたフックスの論文[F]だけを頼りに保型関数に到達したようです．フックスはワイアシュトラスの指導で学位を取った最初の人で，日本流に言えば「一のお弟子さん」です．おそらく，ポアンカレはフックスの論文を一読した瞬間，ワイアシュトラスの構想を完全に察知したのでしょう．このように，ポアンカレは間接的ではありますがワイアシュトラスの影響を受けているわけです．（ポアンカレがワイアシュトラスを非常に尊敬していたことが，彼の文章の端々から窺われます．）ちなみに，ポアンカレはワイアシュトラスの予備定理を独力で発見し，学位論文の中に書いています．

ともあれ，シュワルツは円弧零角三角形から鏡像原理によって楕円モジュラー関数を構成したのでしたが，ポアンカレは

もっと一般的な状況で一挙に無数の保型関数を作る方法を考案しました．それは「テータフックス級数」と彼が呼び，後に「ポアンカレ級数」と呼ばれることが普通になった，新しいアイディアによります．これにより，「無数の一次分数変換によって不変な関数」が簡単に作れる様子を見てみましょう．

離散群とポアンカレ級数

ポアンカレがフックスの名を冠して導入した概念のうち，今日最もよく用いられるのがフックス群ですが，ここではそれをもう少し一般化した離散群と，それに付随したポアンカレ級数について述べましょう．

D を $\mathbf{C}^n$ の領域とし，D の自己同型群 $\mathrm{Aut}\,D$ の位相 τ を

$$U \in \tau :\Leftrightarrow \text{任意の } \gamma \in U \text{ に対し，有限個の有界閉集合 } K_j \subset D \text{ と開集合 } \Omega_j \subset D \text{ が存在して，}$$
$$\gamma \in \{\eta \in \mathrm{Aut}\,D ; \eta(K_j) \subset \Omega_j, \forall j\} \subset U$$

で定めます．τ を**コンパクト開位相**と言います．「コンパクト（集合）」はこの場合「有界閉集合」の意味ですが，一般の位相空間に対しては，コンパクト性はハイネ・ボレルの性質をもつこと，つまり開集合の和として書いたとき，必ずその中の適当な有限個の和としても書けるという性質をもつことを言います．コンパクト開位相は，$\mathrm{Aut}\,D$ に限らず位相空間間の写像の集合に入る標準的な位相です．

> **定義1**　$\mathrm{Aut}\,D$ の部分集合 Γ が離散部分群であるとは，以下の条件が満たされることをいう．
> ⅰ) Γ は $\mathrm{Aut}\,D$ の演算に関して群である．
> ⅱ) Γ は $\mathrm{Aut}\,D$ の位相に関して離散集合である（:⇔孤立点のみからなる）．

例1. $D = \mathbf{C}^n$, $\Gamma = \mathbf{Z}^n + \sqrt{-1}\,\mathbf{Z}^n$.

例2. $D = \mathbf{H}\ (= \{\mathrm{Im}\,z > 0\})$,
$$\Gamma = PSL(2,\mathbf{Z})$$
$$:= \left\{\frac{az+b}{cz+d}\,;\,a,b,c,d \in \mathbf{Z},\,ad-bc=1\right\}.$$

簡単のため，$\mathrm{Aut}\,D$ の離散部分群を D 上の**離散群**と言うことにします．円板 D または上半平面 $\mathbf{H}$ 上の離散群を**フックス群**と言います．以下では Γ は D 上の離散群とします．

> **定義2.** D 上の正則関数 f は次の条件を満たすとき**ウェイト m の Γ 保型形式**であるという．
> $$f(\gamma(z))J_\gamma(z)^m = f(z),\ \forall \gamma \in \Gamma.$$

ただし，$J_\gamma(z)$ は γ のヤコビアン
$$\det(\partial \gamma_i / \partial z_j)_{i,j}\ (\gamma(z) = (\gamma_1(z), \cdots, \gamma_n(z)))$$
を表します．

例3. $D = \mathbf{C}^n$, $\Gamma = \mathbf{Z}^n + \sqrt{-1}\,\mathbf{Z}^n \Rightarrow$ 任意の m に対し，1 はウェイト m の Γ 保型形式．

保型形式の存在定理を述べるため，まず Γ が次の意味で 2 点間を「離す」ことに注意します．

> **定理 1.** D が有界領域なら，任意の 2 点 $x, y \in D$ に対し，x の近傍 U と y の近傍 V が存在して，
> $$\#\{\gamma \in \Gamma\,;\, \gamma(U) \cap V \neq \emptyset\} < \infty.$$

$|J_\gamma(z)|^2$ が γ による体積の変化率であることに注意すると次を得ます．

系 1. D が有界領域ならば，級数
$$\sum_{\gamma \in \Gamma} |J_\gamma(z)|^2$$
は局所的に一様収束する．

この結果，$h \in \mathcal{O}(D)$, $\sup_D |h| < \infty$ ならば，級数
$$\sum_{\gamma \in \Gamma} h(\gamma(z)) J_\gamma^m(z)$$
は $m \geq 2$ のときウェイト m の Γ 保型形式に局所的に一様収束することがわかります．この級数を**ポアンカレ級数**と言います．ポアンカレは 1881 年にこれを発見しました．収束性の証明が非自明であったことは，1882 年 5 月 7 日付けで，クラインがポアンカレにそれについて質問していることからもわかります．Γ の作用で不変な有理型関数を Γ **保型関数**と言います．ただし D 上の有理型関数とは，D 上局所的に正則関数の比として書ける（稠密な開集合上で定義された）関数を言います．保型関数は，h を取り替えながらポアンカレ級数の比を取るこ

とにより腐る程作れます．ジーゲルは，商空間
$$D/\Gamma := \{\Gamma(z) := \{\gamma(z); \gamma \in \Gamma\}; z \in D\}$$
(位相は商位相すなわち $\{U \subset D/\Gamma; \{z \in D; \Gamma(z) \in U\}$ は開集合 $\}$) がコンパクトなら，保型関数全体は n 変数有理関数体の代数拡大であり，したがって D/Γ は複素射影空間
$$\mathbf{CP}^N := \{\mathbf{C} \cdot z; z \in \mathbf{C}^{N+1} \setminus \{0\}\}\quad (N は十分大)$$
内の代数的集合(いくつかの同次多項式の共通零点集合)と同一視できることを示しました．この証明の鍵はシュワルツの補題です．読者はシュワルツの補題が正則写像の圧縮性と解釈できたことを思い出されるでしょうが，D は有界領域ゆえ小林双曲的ですから，$\mathrm{Aut}\, D$ は小林距離に関して等距離写像から成ります．小林擬距離がポアンカレ計量を使って定義されたことを思い出してください．$n = 1$ の場合にこの現象を発見したのがポアンカレであり，その発端は微分方程式の研究だったのでした．

基本領域

　離散群の理論はある種の整数論の問題と密接に関係しています．それはいわゆるペル方程式 $x^2 - ay^2 = 1$ に起源を持つものです．P. フェルマー(1607 または 1608 - 1665)は，この方程式が $a \in \mathbf{N}$, $\sqrt{a} \notin \mathbf{N}$ のとき無限個の自然数解を持つことを示しました．整数論の草創期に発見されたこの定理がいかに非自明かは，$a = 94$ の場合，最小の解が $(2143295; 221064)$ で

あることからも明白でしょう．$\sqrt{a}$ の連分数展開がペル方程式の解法のポイントです．つまり方程式の解 (x, y) を $\sqrt{a}$ を近似する分数 x/y と捉えるのです．一般に n 変数の二次形式 $\sum_{i,j=1}^{n} a_{ij} x_i x_j$ $(a_{ij} \in \mathbf{N})$ がどのような整数を表し得るかという理論の土台は，ラグランジュらの研究を経てガウスの「数論論考」(Disquisiones Arithmeticae) で築かれました．ガウスは $n = 2$ の場合，二次形式 $q(x, y)$ は正定値ならば一意的に

$$q(x, y) = a(zx+y)(\overline{z}x+y) \quad a > 0, \ z \in \mathbf{H}$$

と書けることを示し，これをふまえて二次形式の簡約理論を次の結果によって基礎づけました．

定理 2

$$F = \{z \in \mathbf{H} ; |z| \geq 1 \text{ かつ } |\mathrm{Re}\, z| < 1/2\}$$

とおくとき，$\mathbf{H} = PSL(2, \mathbf{Z}) \cdot F$.

上記の F のような集合を離散群の**基本領域**と言います．正確には次が定義です．

定義 3．離散群 $\varGamma$ の（一つの）基本領域とは，有限個または可算個の実解析的な部分多様体の和集合を境界として持つ D の閉領域 F で，

$$D = \bigcup_{\gamma \in \varGamma} \gamma(F)$$

かつ

$$\gamma \neq id_D \text{（恒等写像）} \Rightarrow \gamma(F^\circ) \cap F^\circ = \emptyset$$

$$(F^\circ \text{ は } F \text{ の開核})$$

を満たすものをいう．

ただし，D の部分集合 S が実解析的な部分多様体であるとは，S の各点の近傍で実解析的な局所座標 $x = (x_1, \cdots, x_{2n})$ を適当に選ぶことにより，$U \cap S = \{x\,;\, x_1 = \cdots = x_m = 0\}$ $(m \leq n)$ となることを言います．

ガウスの簡約理論は，後にジーゲル(cf. [S]) によって多変数の二次形式の簡約理論へと一般化されましたが，不定値二次形式の理論をフェルマーの結果を含む形で押し拡げたのはポアンカレの直接の師匠であった C. エルミート (1822-1901) で，ポアンカレはそれをさらに幾何学的観点から深めました．詳しくは述べられませんが，[P-1] では基本的な結果が離散群の基本領域を決定するという形で書かれています (cf. [B]).

ちなみに，エルミートは「アーベルは数学者たちに 500 年分の仕事を残した」と言いましたが，ワイアシュトラスの仕事も激賞したようです．小堀憲先生の名著「大数学者」のワイアシュトラスの章は，次の逸話で始まっています．

フランスがプロシアに敗れて間もない 1873 年頃のことである．フランス人のドイツに対する感情は，極度に悪いものであったが，そんなときに，スエーデンの若い学生ミッタク・レフレル（= ミッタク・レフラー）が，パリのシャルル・エルミト (= エルミート) の門をたたいた．このとき，このフランスの解析学者は，来意を聞くやいなや

"*Vous avez fait erreur, monsieur. Vous auriez les cours de Weierstrass à Berlin. C'est notre maître à tous.*" (おかどちがいでしたね．ベルリンのヴァイエルシュトラス (= ワイアシュトラス) の講義にでるべきでしょう．この人は，わ

れわれすべての者の先生です）

と言ったので，ミッタク・レフレルは途方にくれた，と伝えられている．

ミッタク・レフラーは後にワイアシュトラスの講筵に連なり，ポアンカレとも終生の友となりました．ワイアシュトラス乗積定理と対をなす部分分数分解は，彼の名を冠してミッタク・レフラーの定理と呼ばれています．

基本群から見えるリーマン面の塔

フックス群はポアンカレが保型関数を発見したときに導入されたものですが，上ではそれを一般化した離散群に対し，ポアンカレ級数から保型関数が作れることを見ました．離散群がらみで整数論とのつながりにも触れましたが，リーマン面の理論はフックス群の視点から完全にカバーできます．この関係性を確立するため，一般論としてまず基本群について述べましょう．これもポアンカレが導入したもので，空間の「連結度」を数量化したものです．前章で，普遍被覆空間の単連結性について述べましたが，その存在は基本群と絡み，やや精密な議論を要します．

定義 4. 位相空間 A は，任意の二点 $x, y \in A$ に対して区間 $I = [0, 1]$ からの連続写像 $f : I \to A$ で $f(0) = x$, $f(1) = y$ を満たすものが存在するとき，**弧状連結**であるという．A の任意の開集合の各点が弧状連結かつ単連結な近傍を持つとき，A は**局所単連結**であるという．

以下では A は常に連結かつ局所単連結であるとします．I の自己同相写像 α で $\alpha(0) = 0$, $\alpha(1) = 1$ を満たすものに対しては上の f と $f \circ \alpha$ を区別しないことにします．つまり $f(I)$ に向きだけをつけたものを考えるのですが，便宜上，それも同じ記号 f で表し，$f(0)$（始点）から $f(1)$（終点）への**経路** (path) と呼びます．経路 f の**逆路**を $f(1-t)$ $(t \in I)$ で定義します．f の逆路は f の逆写像を表す f^{-1} と区別するため f^* で表します．経路 f, g が $f(1) = g(0)$ を満たすとき，経路 $f \circ g$ を

$$f \circ g(t) = \begin{cases} f(2t) & (t \in [0, 1/2]) \\ g(2t-1) & (t \in [1/2, 1]) \end{cases}$$

で定義します．$f \circ g$ を f と g の**連結**と呼びます．

定義 5. 弧状連結な位相空間 A 内の**閉路**とは，A 内の経路 f で $f(0) = f(1)$ を満たすものをいう．このとき $f(0) (= f(1))$ を f の**基点**という．

A の点 x に対し，x を基点とする閉路全体は，連結を演算として群をなします．この群を $\mathcal{L}_x$ で表します．二点 $x, y \in A$ に対し，x から y への経路から成る集合を $\mathcal{P}_{x,y}$ で表します．任意の $h \in \mathcal{P}_{x,y}$ に対し，群の同型 $\mathcal{L}_y \to \mathcal{L}_x$ が $f \to h \circ f \circ h^*$ で

定まります．

> **定義 6.** 基点を共有する二つの閉路 f, g に対し，連続写像 $H: I \times I \to A$ で
> $$H(0,t) = f(t),\ H(1,t) = g(t)\ (t \in I),$$
> $$H(s,0) = H(s,1) = f(0)\ (s \in I)$$
> を満たすものが存在するとき，f と g は**ホモトピー同値**であるという．

例 4. 任意の経路 f に対し，$f \circ f^*$ と定値写像 $c(t) = f(0)$ $(t \in I)$ はホモトピー同値．

定値写像 $c(t) = x$ とホモトピー同値な閉路全体は群を成します．この群を $\mathcal{CL}_x$ で表します．定義より明らかに
$$f \in \mathcal{L}_x,\ g \in \mathcal{CL}_x \Rightarrow f^* \circ g \circ f \in \mathcal{CL}_x$$
なので，集合 $\mathcal{L}_x / \mathcal{CL}_x := \{f \mathcal{CL}_x ; f \in \mathcal{L}_x\}$ には $(f_1 \mathcal{CL}_x)(f_2 \mathcal{CL}_x) = (f_1 \circ f_2) \mathcal{CL}_x$ によって群の演算が定まります．（ただし $f \mathcal{CL}_x := \{f \circ g ; g \in \mathcal{CL}_x\}$．）群 $\mathcal{L}_x / \mathcal{CL}_x$ は x の取り方によらず全て同型なのでこれを $\pi_1(A)$ で表し，A の**基本群**と言います．A が単連結であることと $\pi_1(A) = 1$ は同値です．ただし（乗法的な）単位元のみから成る群を 1 で表します．

例 5. n 次元球面 S^n の基本群は
$$\pi_1(S^n) = \begin{cases} \mathbf{Z} & (n=1) \\ 1 & (n>1). \end{cases}$$

点 $x_0 \in A$ を固定し，集合 $\tilde{A}$ を

$$\tilde{A} = \{(x, f\mathcal{CL}_x) ; x \in A, f \in \mathcal{P}_{x_0, x}\}$$

で，$\tilde{A}$ の位相を

$\{U ; \forall (x, f\mathcal{CL}_x) \in U, \exists x$ の近傍 V s.t.

$\{(y, (f \circ g)\mathcal{CL}_y) ; g \in \mathcal{P}_{x,y}, y \in V\} \subset U \}$

で定めると，対応 $(x, f\mathcal{CL}_x) \longmapsto x$ によって被覆写像 $\tilde{A} \to A$ が生じます．この写像により $\tilde{A}$ が A の普遍被覆空間になることが容易に示せます．

一般に，被覆写像 $p : A_1 \to A_2$ に対し，$\{\varphi \in \mathrm{Homeo}(A_1) ; p \circ \varphi = p\}$ は A_1 の自己同相群 $\mathrm{Homeo}(A_1)$ の部分群になります．これを $p : A_1 \to A_2$ の**被覆変換群**といい，$\mathrm{Homeo}_{A_2}(A_1)$ で表します．$\tilde{A}$ の構成法より $\mathrm{Homeo}_A(\tilde{A})$ は $\pi_1(A)$ と同型です．

さてリーマン面 X に対し，ケーベの一意化定理より $\tilde{X}$ は $\hat{\mathbf{C}}, \mathbf{C}, \mathbf{D}$ のいずれかと同型ですが，特に $\tilde{X} \cong \mathbf{D}$ のとき，$\mathrm{Homeo}_X(\tilde{X})$ は $\mathrm{Aut}\,\mathbf{D}$ の離散部分群になり，従って X は $\mathbf{D}$ 上のある離散群 Γ を用いて $\mathbf{D}/\Gamma$ の形で表せます．この意味で，リーマン面の理論はフックス群の理論に帰着するのです．

$\pi_1(X)$ の部分群の無限減少列 $\Gamma_1 = \pi_1(X) \supset \Gamma_2 \supset \cdots \supset \Gamma_k \supset \cdots$ からリーマン面の列 $X_1 = X \leftarrow X_2 = \mathbf{D}/\Gamma_2 \leftarrow \cdots \leftarrow X_k = \mathbf{D}/\Gamma_k \leftarrow \cdots$ が生じます．これを X 上の塔と呼びます．次章ではこのリーマン面の塔について，最近の研究結果も交えながら述べてみたいと思います．

参考文献

[B] Bergeron, N., *Differential equations with algebraic coefficients over arithmetic manifolds*, The Scientic Legacy of Poincaré (Editors) Éric Charpentier, Étienne Ghys, Annick Lesne, American Matematical Society, 2010, pp. 47-71.

[F] Fuchs, L., *Sur quelques propriétés des intégrales des équations différentielles, auxquelles satisfont les modules de périodicité des intégrales elliptiques des deux premiéres espéces*, J. für die reine u. angewandte Mathematik (J. de Crelle) 83 (1877), 13-38.

[P-1] Poincaré, H., *Les fonctions fuchsiennes et l' arithmétique, VII*, uvres, Les Grands Classiques Gauthier-Villas. Éditions Jacques Gabay, Sceaux.

[P-2] ——, *Analyse des travaux scientique de Henri Poincaré faite par lui-même*, Acta Math. 38 (1921). (和訳斎藤利弥　線形微分方程式とフックス関数 III——ポアンカレを読む　河合文化教育研究所 1998)

[S] Siegel, C.L., *Über die analytische Theorie der quadratischen Formen I, II, III*. Ann. of Math. 36 (1935), 527-606; 37 (1936), 230-263; 38 (1937), 212-291.

第12章

複素世界の本尊たち

■ 三位一体説の先に

　前章の最後に，リーマン面 X の普遍被覆面が単位円板 $\mathbf{D}$ に同型ならば X の基本群が $\mathrm{Aut}\,\mathbf{D}$ のある離散部分群 Γ_1 と同型になることから，部分群の無限減少列 $\Gamma_1 \supset \Gamma_2 \supset \cdots \supset \Gamma_k \supset \cdots$ からリーマン面の「塔」$X_1 = X \longleftarrow X_2 = \mathbf{D}/\Gamma_2 \longleftarrow \cdots \longleftarrow X_k = \mathbf{D}/\Gamma_k \longleftarrow \cdots$ が生ずるところまで述べました．本章ではこのリーマン面の塔について筆者の関心の範囲で述べたいと思いますが，まずはその前置きからお付き合いください．

　キリスト教の教義はプラトンの世界観に影響を受けて編まれており，その名残のようなのが，父なる神，イエスキリスト，聖霊を同一の実体であるとみなす三位一体説です．たいへん難解な，信仰の根本に関わる説らしく，これになぞらえてものを言うのはたいへん憚られるのですが，それでもこれにあやかった複素解析の三位一体説はたいへん有名で明快なので，この話からはじめたいと思います．それは，閉リーマン面という複素解析的構造と，一変数代数関数体という代数的構造と，代数

曲線という代数幾何的構造の同等性をいうものです．具体的には，閉リーマン面上の有理型関数全体のなす体は一変数有理関数体 $C(z)$ の有限次代数拡大体 $C(z,w)$ であり，$C(z,w)$ には z と w の関係式 $F(z,w)=0$ で定まる既約な代数曲線が対応し，逆にすべての既約代数曲線から（特異点の還元とコンパクト化によって）閉リーマン面が作れるというものです．これら3つの観点は，それぞれ利点を持っています．例えば，閉リーマン面の理論の花形ともいうべき，解析的不変量と位相的不変量を結ぶ公式（リーマン・ロッホの定理）は，複素多様体上で見事に高次元化されましたし (cf. [H], [A-S])，$C(z,w)$ についての代数的な理論は有限体上の代数関数体の理論へと拡張され，有限体上の代数関数体と代数体（＝有理数体の有限次代数拡大体）との類似をもとに，素数分布に関連するリーマン予想の類似が定式化され，証明されました (cf. [Wl], [D])．また，代数幾何的なアプローチにおける層係数コホモロジー理論の発達は，グロタンディークによるスキームの概念の導入という，革新的な展開を促しました．これにより代数幾何と整数論の絆が一層強まり，その結果20年くらい前に歴史的な難問が解けるなどして，注目を集めるようになりました (cf. [Wls], [B-C-D-T])．以上は三位一体の素晴らしさとして，リーマン面上の非定数有理型関数の存在がいかに基本的かを強調するためにも，代数関数論の入り口でよく語られる話です．一方，ケーベとポアンカレの一意化定理を思い出しますと，それはどんなリーマン面でも普遍被覆をとれば $\hat{C}, C, D$ のどれかだというものでした．筆者などにはこの結論がいかにも高尚に感じられる一方，なんとなく幼少からの世界観に馴染むような気もし，「雪に変わりはないじゃなし，溶けて流れりゃみな同じ」という，昔はやっ

たお座敷小唄の一節を思い出してしまうところです．恩師の中野茂男先生 (1923-1998) には時折祇園小唄を聴かされたものですが，それはさておき，これはリーマン面の理論がフックス群に，より正確には3つの単連結リーマン面の自己同型群の離散部分群の理論に帰着するということです．そこで本章は，リーマン面の塔の話を通じてこの観点からの研究の動向に触れてみたいと思います．

モジュラー群と合同部分群

前章で，有界領域 D 上の離散群 Γ と D 上の有界正則関数 h に対し，ポアンカレ級数

$$\sum_{\gamma \in \Gamma} h(\gamma(z)) J_\gamma^m(z)$$

(ただし $J_\gamma(z) = \det(\partial \gamma_i / \partial z_j)_{i,j}$, $\gamma(z) = (\gamma_1(z), \cdots, \gamma_n(z))$) が D 上局所一様収束すること，とくにこれにより多くの Γ 保型関数が作れることについて述べました．特に D/Γ がコンパクトな時は，ポアンカレ級数の連比によって D/Γ を射影空間に埋め込むことができます．その結果，D 上の変換が射影空間の座標変換に関連付けられることが重要です．クラインは，この級数の発見こそポアンカレに譲ったものの，一変数保型関数をリーマン面上の関数と見ることにより，群の作用によって不変な式を幾何学的に研究する道を開きました (cf. [K-1])．クラインの構想は，座標変換の群によって幾何学的あるいは解析

的対象の変換を記述することでしたが，具体的には上半平面 $\mathbf{H}(\cong \mathbf{D})$ 上の特別な離散群である**モジュラー群**

$$PSL(2,\mathbf{Z}) = \left\{ \frac{az+b}{cz+d} ; a,b,c,d \in \mathbf{Z},\ ad-bc=1 \right\}$$

と，その部分群を詳しく研究しました．モジュラー群の名はその基本領域上の点に楕円曲線 $(=\mathbf{C}/(\mathbf{Z}+\mathbf{Z}\omega), \mathrm{Im}\,\omega > 0)$ の同型類が対応することにちなみ，そのためこれは楕円モジュラー群とも呼ばれます．ガウスがすでにこれに注目していたことは有名です (cf. [T])．自然数 N に対し，モジュラー群の元 $\frac{az+b}{cz+d}$ で合同関係式

$$\begin{pmatrix} a & b \\ c & d \end{pmatrix} \equiv \begin{pmatrix} 1 & 0 \\ 0 & 1 \end{pmatrix} \pmod{N}$$

をみたすものから成る部分群を $\Gamma(N)$ で表し，**レベル N の主合同部分群**と言います．いうまでもなく $\Gamma(1) = PSL(2,\mathbf{Z})$ です．$\Gamma(N)$ の基本領域の点は N 分点を持つ楕円曲線に対応しています．このため，$\Gamma(N)$ 保型関数を**レベル N の楕円モジュラー関数**と言います．シュワルツの鏡像原理で幾何学的に構成できる楕円モジュラー関数であったラムダ関数 $\lambda(z)$ は，レベル 2 の楕円モジュラー関数になっています．レベル 1 の楕円モジュラー関数の中で特に重要なのが，クラインが導入した **j 不変量**です．この保型関数 $j(z)$ は楕円曲線と関連付けてワイアシュトラスの $\wp$ 関数を用いて定義されますが，$u(z) = \lambda(z)(1-\lambda(z))$ と置くと

$$j(z) = \frac{256(1-u(z))^3}{u(z)^2}$$

という関係があります．$j(z)$ は多くの不思議な性質を持っています (cf. [B-C])．

モジュラー群 $\Gamma(1)$ の部分群で,ある $\Gamma(N)$ を含むものを**合同部分群**と言います.Γ を合同部分群,またはより一般に $\Gamma(1)$ の部分群で**指数** $[\Gamma(1):\Gamma] := \#\{\gamma\Gamma;\gamma\in\Gamma(1)\}$ が有限であるようなものとしますと,文字通りのポアンカレ級数は $\mathbf{H}$ が有界領域ではないので収束性は保証されませんが,(どこかの国の憲法と違って)適切で有用な修正版がたやすく作れます.そのために,まず

$$\Gamma_0 = \{\gamma\in\Gamma;\gamma z := \gamma(z) = z+b \text{ (平行移動)}\}$$

とおきます.すると $h(\gamma_0 z) = h(z)$ $(\forall \gamma_0\in\Gamma_0)$ をみたす $\mathcal{O}(\mathbf{H})$ の元 h に対し,無限級数

$$\sum_{\Gamma_0\gamma\in\Gamma_0\backslash\Gamma} h(\gamma z)\gamma'(z)^k,\ k\geq 1$$

(ただし $\Gamma_0\backslash\Gamma := \{\Gamma_0\gamma;\gamma\in\Gamma\}$)

は局所一様収束します.上半平面上の離散群の場合,本来のポアンカレ級数をこのように Γ_0 の分だけ圧縮して作った級数もポアンカレ級数と言います.

ウェイト $2k$ の Γ モジュラー形式とは,$\mathcal{O}(\mathbf{H})$ の元 f で,次の (a), (b) をみたすものを言います.

(a) $f(\gamma z) = \gamma'(z)^k f(z)$ $(\forall z\in\mathbf{H},\ \forall\gamma\in\Gamma)$

(b) $\sup\{|f(z)|:\mathrm{Im}\,z>1\}<\infty$.

ここでウェイトが(k でなく)$2k$ としているのは,$\gamma(z) = \dfrac{az+b}{cz+d}$ $(ad-bc=1)$ のとき $\gamma'(z) = (cz+d)^{-2}$ だからです.

ウェイト $2k$ の Γ モジュラー形式全体の集合を $\mathcal{M}_k(\Gamma)$ で表します.ベクトル空間 $\mathcal{M}_k(\Gamma)$ の次元を求めるのにリーマン面の理論が役立ちます.$\mathbf{H}$ 上のポアンカレ計量や関数空間の内積

161

を用いることにより，$\mathcal{M}_k(\varGamma)$ はポアンカレ級数の形をした特別なモジュラー形式を基底に持つことが示せます．$\mathcal{M}_k(\varGamma)$ の次元を表す公式に幾何学的な不変量や数論的に意味のある量が現れます．このあたりから話はいよいよ佳境に入ろうかというところですが，その詳細は[D-My]，[G]，[My]などの名著に譲り，以下では話題を商空間 $\mathrm{H}/\varGamma$ のある特殊な性質に限定します．一口で言うなら，代数的な変換でそれが保たれるかどうかという問題を，その上のリーマン面の塔の姿を見ながら解くという話です．

モジュラー曲線

$\mathrm{H}/\varGamma(N)$ には射影 $\mathrm{H} \to \mathrm{H}/\varGamma(N)$ が正則になるようにリーマン面の構造を入れることができます．それに有限個の点を付け加えて作った閉リーマン面 $(\mathrm{H}/\varGamma(N))$ のコンパクト化という)を**レベル N のモジュラー曲線**といい，$X(N)$ で表します．$X(5) \cong \hat{\mathbf{C}}$ であり，$\#\{X(5)-\mathrm{H}/\varGamma(5)\}=12$ であり，さらにこれらの 12 個の点が正 20 面体の頂点に対応していることは有名です(cf. [K-2])．素数 p に対し $X(p)$ の種数 g を表す公式

$$g = \frac{1}{24}(p+2)(p-3)(p-5)$$

が知られています(証明は初等的)．

モジュラー曲線は一般の合同部分群に対しても同様に定まります．特に $\varGamma_1(N)$ を合同関係

$$\begin{pmatrix} a & b \\ c & d \end{pmatrix} \equiv \begin{pmatrix} 1 & * \\ 0 & 1 \end{pmatrix} \pmod{N}$$

で定まる群とし，対応するモジュラー曲線を $X_1(N)$ としますと，$X_1(N)$ は $\mathbf{Q}$ 上の代数曲線になります．つまり $X_1(N)$ は射影空間内で有理数係数の同次多項式の共通零点として表せる（1次元の）部分多様体と同型になります．これは N 分点付きの楕円曲線の変形空間が代数的に構成できることの帰結であり，初等的とは言えませんが古典的な事実とされています．$\mathbf{Q}$ 上の楕円曲線がすべてモジュラーかどうかという問題は「志村谷山予想」として知られた難問でしたが，今世紀に入ってから解決されました (cf. [B-C-D-T])．これを部分的に解決することにより，A. ワイルズ (1953-) [Wls] はフェルマー予想という数百年来の難問の攻略に成功したのでした．

■ 算術群と剛性定理

シュワルツの補題より
$$\operatorname{Aut} \mathbf{H} \cong PSL(2, \mathbf{R}):$$
$$= \left\{ \frac{az+b}{cz+d}; a, b, c, d \in \mathbf{R}, ad-bc=1 \right\}$$

でしたが，$\mathbf{H}$ の正則自己同型はポアンカレ計量に関して二点間の距離を保ちますから，フックス群すなわち $\mathbf{H}$ 上の離散群 Γ で $\mathbf{H}$ を約してできるリーマン面 $\mathbf{H}/\Gamma$ には，自然な計量が入っています．ジーゲルは，この計量に関する $\mathbf{H}/\Gamma$ の総面積が有

限になることと，H/Γ がコンパクト化を持つことが同値であることを示しました (cf. [S])．この条件を満たす Γ を**第 1 種フックス群**と言います．合同部分群の場合と同様，第 1 種フックス群で H を約してできるリーマン面およびそのコンパクト化は代数曲線になります．ただしその定義方程式の係数は，一般には複素数であるということしか言えません．第 1 種フックス群全体の中では主合同部分群は実数の中の整数のようなもので，合同部分群は有理数のようなものと言えるでしょう．その意味で，代数的数に対応するのが算術群です．ただし定義は次のように純粋に群論的です(通約性条件)．

> **定義 1** ある $\Gamma(N)$ に対して $[\Gamma : \Gamma \cap \Gamma(N)] < \infty$ かつ $[\Gamma(N) : \Gamma \cap \Gamma(N)] < \infty$ をみたすフックス群 Γ を**算術群**という．

算術群が第 1 種フックス群になることは容易に確かめられます．ところで群といえばその起源は代数方程式の解法理論で，アーベルや E. ガロア (1811-32) の仕事によりその重要性が決定的なものになりました．群は最初，方程式の解の置換から成るものとして現れたわけです．それをやや抽象的に言い直したものが，体の自己同型から成る群です．K を体とし，k をその部分体とするとき，k のすべての元を固定する K の自己同型から成る群を，ガロアにちなんで $\mathrm{Gal}(K/k)$ と書いています．このことをふまえて三位一体の景色の中でモジュラー曲線を眺めると，次の定理がいかにも端正で美しいものに思えます．

> **定理1** Γ を算術群とする．$\mathcal{C}:=\mathbf{H}/\Gamma$ の定義方程式系を $\{f_\mu\}$（f_μ は多項式）とすると，$\mathbf{C}$ の任意の自己同型に対し，f_μ の係数 a をすべて $\sigma(a)$ で置き換えた多項式を $\sigma^* f_\mu$ とすれば，定義方程式系 $\{\sigma^* f_\mu\}$ により定まる代数曲線 $\mathcal{C}^\sigma$ に対し，ある算術群 $\Gamma(\sigma)$ が存在して $\mathcal{C}^\sigma \cong \mathbf{H}/\Gamma(\sigma)$ となる．

これはリーマン面の算術性という構造が代数的な変換によって保たれるということですから，一種の剛性定理と言えます．一般に，体 K 上の代数多様体とは，幾つかの K 係数の多項式の共通零点集合を K 係数の多項式を成分とする写像で貼り合わせたもので，K から他の体 K' への同型があればそれに応じて K 上の代数多様体 X に K' 上の代数多様体 X^σ を自然に対応づけることができます．この対応を**基底変換**（base change）と言います．ベッチ数のように代数的に定義できる量は基底変換により不変ですが，基本群は変化しうることをJ.-P. セール（1926- ）が指摘しています（cf. [Sr]）．定理1は最初，特殊な算術群の場合に土井公二（1934- ）と長沼英久（1941-2014）[D-N]によって示され，D. カジュダン（1946- ）[Kj-1,2,Kz]により，高次元の多様体の場合も含む一般的な定理として確立されました．

ちなみに長沼氏が教鞭を取った高知大学では，後継者にあたる塩田研一准教授が2014年10月付のホームページに，[D-N]について次の文章を載せておられます．

1994年，360年間未解決であったフェルマ予想が証明されましたが，それは，保型形式における志村予想（＝志村谷山予

想)が証明された「おまけ」でした．そこで用いられた大きな2つの道具のうちひとつは base change の理論と言い，情報科学コースを作られた長沼英久先生とその師，土井公二先生がその理論の創始者です．

さて，カジュダン氏の[Kj-1]は国際数学者会議の招待講演です．主定理は次の形で述べられています．

定理2 X を算術的な代数多様体とし，$\sigma \in \mathrm{Gal}(\mathbf{C}/\mathbf{Q})$ とする．このとき "*base change*" $\sigma : \mathbf{C} \to \mathbf{C}$ により X から得られる $\mathbf{C}$ 上の代数多様体 X^σ も算術的である．

氏はこのとき弱冠24歳，会場のニース(フランス)にはモスクワ(ソ連)からの参加でしたが，後にハーバード大(米国)に移り，現在はイスラエルに住んでいます．大向こうをうならせたこの出世作では定理2の証明の方針が解析的な部分と群論的な部分に分けて示され，その詳細は後に[Kj-2, Kz]に書かれました．その後，群論的部分を大いに簡易化した証明が見いだされましたが(cf. [N-R])，解析的な部分は最初から簡明で，そのアイディアは「射程が長い」ものです．その部分の要点をリーマン面の場合に限ってご紹介したいと思います．

塔の基底変換

定理1の状況では，$\mathcal{C}$ が算術的であることより指数が有限な部分群の列 $\varGamma_1 = \varGamma \supset \varGamma_2 \supset \cdots$ で，

$$\gamma \varGamma_k = \varGamma_k \gamma \ (\forall \gamma \in \varGamma, \forall k) \ \text{かつ} \ \bigcap_{k=1}^{\infty} \varGamma_k = \{\text{単位元}\}$$

をみたすものが(概ね $\varGamma(1) \supset \varGamma(2) \cdots$ と並行して) 取れます．$\mathcal{C}_k = \mathbf{H}/\varGamma_k$ とおきます．すると $\varGamma$ は必ずしも $\mathcal{C}$ の基本群ではないのですが，条件 $\bigcap_{k=1}^{\infty} \varGamma_k = \{\text{単位元}\}$ より，十分大きい k に対しては $\pi_1(\mathcal{C}_k) \cong \varGamma_k$ となります．そこで最初から $\pi_1(\mathcal{C}) \cong \varGamma$ であるとして議論すれば十分です．ということでリーマン面の塔

$$\mathcal{C}_1 = \mathcal{C} \leftarrow \mathcal{C}_2 \leftarrow \cdots \leftarrow \mathbf{H} (\cong \mathbf{D})$$

の前まで来ました．目標は $\mathbf{C}$ の自己同型で $\mathcal{C}$ を基底変換して作った $\mathcal{C}^\sigma$ の算術性で，そのことが $\mathcal{C}$ の上の塔を基底変換した塔 $\mathcal{C}^\sigma \leftarrow \mathcal{C}_2^\sigma \leftarrow \cdots$ を調べて見抜けるかということです．ところがこの新しい塔は，てっぺんが怪しい雲に覆われるように見えなくなっています．それは $\mathbf{H}$ が代数多様体ではないので基底変換するわけにはいかないからです．(最大値原理より代数多様体上の有界な正則関数は定数.) そこでカジュダンが注目したのは正則微分でした．ただし，そのうち代数的なものに限ってできる2乗可積分な正則微分の空間の次元が，複素解析の方法で解析可能であることに目をつけたのです．与えられた塔についての情報は，ここまでなら基底変換した塔にそのまま移し変えることができます．カジュダンが具体的には何を示したかを

述べるため，ここで少し一般的な話をします．

リーマン面 X 上の 2 乗可積分な正則微分のなすベクトル空間を $\Omega_{L^2}(X)$ で表します．正則微分 ω は局所的に座標近傍 U 上の局所座標 z を用いて $\omega(z) = f(z)dz$ $(f \in \mathcal{O}(U))$ と書けるので，2 乗可積分性の条件は

$$\left| \int_X \omega \wedge \overline{\omega} \right| \left(= i \int_X \omega \wedge \overline{\omega} \right) < \infty$$

となり，X 上の計量に無関係な形で書けます．このため，$\Omega_{L^2}(X)$ は代数学とたいへん相性の良い空間になっています．$\Omega_{L^2}(X)$ は，内積

$$(u, v) := i \int_X u \wedge \overline{v}$$

に関してヒルベルト空間になり，$\mathbf{C}$ 上の関数空間（例えば Bargmann-Fock 空間）の場合と同様，ノルムが 1 で互いに直交する基底 $\{u_\alpha; \alpha \in A\}$ を持つ稠密な部分空間を持ちます．A が無限集合のときは $A = \mathbf{N}$ に取れます（$\Omega_{L^2}(X)$ の可分性）．このベクトルの集合 $\{u_\alpha; \alpha \in A\}$ を $\Omega_{L^2}(X)$ の**完全正規直交系**と呼びます．$K_X(z, w) = \sum_{\alpha \in A} u_\alpha(z) \wedge \overline{u_\alpha(w)}$ は完全正規直交系 $\{u_\alpha; \alpha \in A\}$ の取り方によらずに定まる $X \times X$ 上の微分形式で，任意の $u \in \Omega_{L^2}(X)$ に対して

$$u(z) = (u(w), \overline{K_X(z, w)})$$

という「再生性」をもちます．$K_X(z, w)$ を X の**ベルグマン核**と言います．X が代数的なら $\#A < \infty$ で，

$$\#A = \dim \Omega_{L^2}(X) = \int_X K_X(z, z)$$

となります．

補題 1（[Kj-1, Lemma 1]）.
$$\lim_{k\to\infty}\frac{\dim \Omega_{L^2}(\mathcal{C}_k)}{[\Gamma:\Gamma_k]}=C,\ 0<C<\infty.$$

$\mathcal{C}$ の普遍被覆は仮定より $\mathbf{H}$ ですが，塔 $\{\mathcal{C}_k\}$ に対して $0<C<\infty$ が言えれば，上式の左辺は基底変換に対し不変なので，このことから $\{\mathcal{C}_k^\sigma\}$ についても $\dim \Omega_{L^2}(\mathcal{C}_k^\sigma)$ に対する同じ評価が得られます．そこから $\mathcal{C}^\sigma$ の普遍被覆面 $\widetilde{\mathcal{C}^\sigma}$ に対して $K_{\widetilde{\mathcal{C}^\sigma}}\neq 0$ となることは，簡単な議論で示せます (cf. [Ml])．したがって，$K_{\hat{\mathcal{C}}}=K_{\mathcal{C}}=0$ ですから $\widetilde{\mathcal{C}^\sigma}\cong \mathbf{H}$ でなければならないことになります．このように，怪しい雲に包まれた $\widetilde{\mathcal{C}^\sigma}$ の正体を，ベルグマン核は伝説のラーの鏡のようにあばき出しているのです．

補題 1 をさらに掘り下げて，カジュダンはベルグマン核に関する一つの一般的な予想に達しました．しかし当面はこれ以上の深入りは控え，次章はそれに関連する諸問題について，ベルグマン核の出自来歴にでも触れながら述べてみたいと思います．

参考文献

[A-S] Atiyah, M. F. and Singer, I. M., *The index of elliptic operators on compact manifolds*, Bull. Amer.Math. Soc. 69 (1963), 422-433.

[B-C] Berndt, B. C. and Chan, H. H., *Ramanujan and the modular j-invariant*, Canadian Mathematical Bulletin 42 (4) (1999), 427-440.

[B-C-D-T] Breuil, C., Conrad, B., Diamond, F. and Taylor, R., *On the modularity of elliptic curves over Q: wild 3-adic exercises*, Journal of the American Mathematical Society 14 (2001), 843-939.

[D] Deligne, P., *La conjecture de Weil. I*, Inst. Hautes Etudes Sci. Publ. Math. **43** (1974), 273-307.

[D-N] Doi, K. and Naganuma, H., *On the algebraic curves uniformized by arithmetical automorphic functions*, Ann. of Math. (2) **86** (1967), 449-460.

[D-My] 土井公二　三宅敏恒，保型形式と整数論，紀伊国屋数学叢書 7, 1976.

[G] Gunning, R. C. *Lectures on modular forms*, Notes by Armand Brumer. Annals of Mathematics Studies, No. 48 Princeton University Press, Princeton, N.J. 1962 iv+86 pp.

[H] Hirzebruch, F. *Neue topologische Methoden in der algebraischen Geometrie*, Ergebnisse der Mathematik und ihrer Grenzgebiete (N.F.), Heft 9. Springer-Verlag, Berlin-Göttingen-Heidelberg, 1956. viii+165 pp.

[Kj-1] Kajdan, A. D., *Arithmetic varieties and their fields of quasi-definition*, Actes du Congres International des Mathematiciens (Nice, 1970), Tome 2, pp. 321-325. Gauthier-Villars, Paris, 1971.

[Kj-2] ——, *On arithmetic varieties. Lie groups and their representations*, (Proc. Summer School, Bolyai Janos Math. Soc., Budapest, 1971), pp. 151-217. Halsted, New York, 1975.

[Kz] Kazhdan, D., *On arithmetic varieties. II*, Israel J. Math. **44** (1983), 139-159.

[K-1] Klein, F., *Weitere Untersuchungen über das Ikosaeder*, Math. Ann. **12** (1871), 346-358.

[K-2] ——, 正20面体と5次方程式改訂新版 (シュプリンガー数学クラシックス) 関口次郎，前田博信(翻訳), 2012, 丸善出版.

[M1] Milne, J.S., *Kazhdan's Theorem on Arithmetic Varieties*, arXiv:math/0106197 [math.DG], 2001.

[My] Miyake, T., *Modular forms*, Translated from the Japanese by

Yoshitaka Maeda. Springer-Verlag, Berlin, 1989. x+ 335 pp.

[N-R] Nori, M. V. and Raghunathan, M. S., *On conjugation of locally symmetric arithmetic varieties*, Proceedings of the Indo-French Conference on Geometry (Bombay, 1989), 111-122, Hindustan Book Agency, Delhi, 1993.

[S] Siegel, C.L., *Some remarks on discontinuous groups*, Ann. of Math. (2) 46 (1945), 708-718.

[Sr] Serre, J.-P., *Exemples de variétés projectives conjuguées non homéomorphes*, C. R. Acad. Sci. Paris, 258(1964), 4194-4196.

[T] 高木貞治, 近世数学史談, 岩波文庫, 1995.

[Wl] Weil, A., *Numbers of solutions of equations in finite fields*, Bull. Amer. Math. Soc. 55 (1949), 497-508.

[Wls] Wiles, A., *Modular elliptic curves and Fermat's last theorem*, Ann. of Math. (2) 141 (1995), 443-551.

第 13 章

ベルグマン核をめぐって

■ 注目される核の挙動

　といっても，もちろん核分裂反応のことではなく，ましてや核ミサイルの配備や重大な事故を起こした炉心の状況などとはまったく無関係な話です．ここでは前章で登場したベルグマン核について，なるべく初歩的な話題を選んで述べたいと思いますが，本題に入る前にこれまでの話の流れを手短に振り返っておきましょう．

　アーベルが発見した楕円関数は 19 世紀の数学者たちを魅了しました．コーシーの公式を中心とする複素解析に基礎付けられ，アーベルとヤコービが楕円関数の研究から端緒をつかんだ一変数の代数関数論は，ヤコービの逆問題を契機として，ワイアシュトラスとリーマンによって大発展しました．特にリーマンが学位論文で持ち込んだのは等角写像論を基礎とする幾何学的アプローチで，これはシュワルツ，クライン，そしてポアンカレへと受け継がれ，リーマン面の一意化定理へと結実しました．リーマン面とは一次元の連結な複素多様体をいい，一意化定理とは，任意のリーマン面の普遍被覆面は複素平面 C，リー

マン球面 $\hat{\mathbf{C}} = \mathbf{C} \cup \{\infty\}$，単位円板 $\mathbf{D}$ のいずれかに双正則同型であるというものでした．

ポアンカレはクラインへの手紙で，一意化定理の影響が遠くまで及ぶことを示唆しましたが，前章ではそれを裏付ける実例としてカジュダンの定理をご紹介しました．これはリーマン面の塔の基底変換についてでしたが，その証明の解析的な部分が正則微分の空間の次元の評価であることと，この次元がリーマン面に標準的に付随した面積要素の積分として表現できることが基本的であり，ここでベルグマン核が現れたのでした．具体的には，リーマン面の塔の上層部への移行に伴って，ベルグマン核がどのような挙動をするかが問題になりました（第12章補題1）．また，詳しくは述べられませんでしたが，この基底変換の理論は楕円モジュラー関数の一般化であるモジュラー形式を通じて，不定方程式 $x^n + y^n = z^n$ $(n \geq 3)$ の自然数解の非存在証明（フェルマー・ワイルズの定理）にも関わっているのでした．

さて，2016年7月のことですが，韓国の新羅時代（B.C.356-A.D.935）の古都である慶州（キョンジュ）市で多変数複素解析の研究集会がありました．幾何学の話題が多かったのですが，その中でベルグマン核に関連した講演が幾つかありました．このように，ベルグマン核は複素解析の研究の最前線で頻出する重要なキーワードの一つです．本章はこのベルグマン核に焦点を当て，コーシーの積分公式との関係にも触れながらその基礎的な諸性質を述べた後，ベルグマン核の挙動をめぐる問題に触れてみたいと思います．

ベルグマンの核公式

アールフォルスの名著「複素解析」にも，演習問題としてですがベルグマン核について記述があります．それを糸口にしましょう．

複素積分（＝線積分）を使って面積分を求められることもある．その一例だが，$f(z)$ が $|z|<1$ で解析的かつ有界で，$|\zeta|<1$ なら
$$f(\zeta) = \frac{1}{\pi} \int_{|z|<1} \frac{f(z)dxdy}{(1-\overline{z}\zeta)^2}$$
であることを示せ．

注記．これをベルグマンの核公式という．証明には面積分を極座標を用いて表した後，（角変数についての積分を）線積分に直して留数公式を用いよ．

(アールフォルス「複素解析」5.3. 演習問題 5)

解： $z = re^{i\theta}$ $(0 \leqq r, 0 \leqq \theta \leqq 2\pi)$ とおく．f は有界だから $|\zeta|<1$ ならば
$$\int_{|z|<1} \frac{f(z)dxdy}{(1-\overline{z}\zeta)^2} = \int_0^1 \left(\int_0^{2\pi} \frac{f(re^{i\theta})rd\theta}{(1-re^{-i\theta}\zeta)^2} \right) dr.$$
$f(z)$ は解析的だから右辺の内側の積分を留数定理を用いて計算すると

$$\int_0^{2\pi} \frac{f(re^{i\theta})rd\theta}{(1-re^{-i\theta}\zeta)^2} = \frac{1}{i}\int_{|z|=1} \frac{f(z)dz}{e^{i\theta}(1-re^{-i\theta}\zeta)^2}$$

$$= \frac{r}{i}\int_{|z|=r} \frac{f(z)dz}{\left(1-\dfrac{r^2\zeta}{z}\right)^2}$$

$$= \frac{r}{i}\int_{|z|=r} \frac{zf(z)dz}{(z-r^2\zeta)^2} = 2\pi r(zf(z))'|_{z=r^2\zeta}$$

$$= 2\pi r(f(r^2\zeta) + r^2\zeta f'(r^2\zeta))$$

となる．したがって

$$\frac{1}{\pi}\int_{|z|<1} \frac{f(z)dxdy}{(1-\bar{z}\zeta)^2} = \int_0^1 (2rf(r^2\zeta) + 2r^3\zeta f'(r^2\zeta))dr$$

であるが，

$$\frac{\partial}{\partial r}(r^2 f(r^2\zeta)) = 2rf(r^2\zeta) + 2r^3\zeta f'(r^2\zeta)$$

なので

$$\int_0^1 (2rf(r^2\zeta) + 2r^3\zeta f'(r^2\zeta))dr = f(\zeta)$$

となり，与式が示せた．

　これはコーシーの積分公式を用いて面積分の公式が導けるという注意で，筆者などアールフォルスの炯眼に敬服するのみですが，コーシーの理論を好まなかったワイアシュトラスであれば，上の計算よりも以下のベルグマンの方法にもっと深く頷くことでしょう．

核公式の「別証」：$m, n \in \mathbf{N} \cup \{0\}$ に対し

$$\int_{\mathbf{D}} z^m \bar{z}^n dxdy = 0 \quad (m \neq n)$$

$$\int_{\mathbf{D}} |z|^{2n} dxdy = \frac{\pi}{n+1}.$$

従って，$f(z) = \sum_{n=0}^{\infty} a_n z^n \ (z \in \mathbf{D})$ かつ

$$\int_{\mathbf{D}} |f(z)|^2 dxdy < \infty \ \ \text{ならば} \ \ \int_{\mathbf{D}} |f(z)|^2 dxdy = \pi \sum_{n=0}^{\infty} \frac{|a_n|^2}{n+1}$$

であり

$$\begin{aligned}
f(z) &= \sum_{n=0}^{\infty} a_n z^n \\
&= \sum_{n=0}^{\infty} \Big(\int_{\mathbf{D}} f(w) \sqrt{\frac{n+1}{\pi}} \overline{w}^n dudv\Big) \sqrt{\frac{n+1}{\pi}} z^n \ \ (w = u+iv) \\
&= \int_{\mathbf{D}} \sum_{n=0}^{\infty} \frac{n+1}{\pi} z^n \overline{w}^n f(w) dudv \\
&= \frac{1}{\pi} \int_{\mathbf{D}} \frac{f(w) dudv}{(1-z\overline{w})^2}
\end{aligned}$$

$$\Big(\sum_{n=0}^{\infty} \frac{n+1}{\pi} z^n \overline{w}^n = \Big(\frac{d}{dt}(1-t)^{-1}\Big)\Big|_{t=z\overline{w}} = \frac{1}{(1-z\overline{w})^2}\Big).$$

この方法の利点は，次の一般化にあります．

一般領域上のベルグマン核： D を $\mathbf{C}^n$ 内の有界領域とし，

$$\mathcal{O}_{L^2}(D) := \Big\{f \in \mathcal{O}(D) ; \int_D |f(z)|^2 d\lambda < \infty\Big\}$$

とおきます．ただし

$$d\lambda = dx_1 dy_1 \cdots dx_n dy_n,$$
$$z = (z_1, \cdots, z_n), \ z_k = x_k + iy_k \ (k = 1, 2, \cdots, n)$$

とします．すると $\mathcal{O}_{L^2}(D)$ は D の有界性より無限次元であり，かつ内積

$$(f, g) := \int_D f(z) \overline{g(z)} d\lambda$$

に関して可分なヒルベルト空間になるので，完全正規直交系

$\{\varphi_j ; j \in \mathbf{N}\}$ $((\varphi_j, \varphi_k) = \delta_{jk}$ かつ $\left\{\sum_{j=1}^{N} c_j \varphi_j ; c_j \in \mathbf{C}, N \in \mathbf{N}\right\}$ は $\mathcal{O}_{L^2}(D)$ 内で稠密) を持ちます.

ここで線形写像
$$ev_w : \mathcal{O}_{L^2}(D) \longrightarrow \mathbf{C}$$
(evaluation homomorphism) を $ev_w(f) = f(w)$ で定めますと, 調和関数の平均値の性質より ev は連続であり, 従って (Riesz の表現定理により) ある $\Phi \in \mathcal{O}_{L^2}(D)^D$ があって, 等式
$$ev_w(f) = (f, \Phi(w)) \tag{1}$$
がすべての $w \in D$ に対して成り立ちます. $\{\varphi_j\}$ が完全正規直交系であることから
$$\Phi(w)(z) = \sum_{j=1}^{\infty} a_j(w) \varphi_j(z)$$
と書け, この式より $a_j(w) = (\Phi(w), \varphi_j)$ となるので内積の性質と (1) から
$$\overline{a_j(w)} = \overline{ev_w(\varphi_j)} = \overline{\varphi_j(w)}.$$
よって
$$\Phi(w)(z) = \sum_{j=1}^{\infty} \varphi_j(z) \overline{\varphi_j(w)} \tag{2}$$
が得られます. この $\Phi(w)(z)$ を D の**ベルグマン核**といい, $K_D(z, w)$ で表します. すると (1) は
$$f(z) = \int_D f(w) K_D(z, w) d\lambda \tag{3}$$
と書けます. $(d\lambda = d\lambda_w)$
$$K_{\mathbf{D}}(z, w) = \frac{1}{\pi} \frac{1}{(1 - z\overline{w})^2}$$
なので (3) がベルグマンの核公式の一般型ということになります. S. ベルグマン (1895-1977) はベルリン大学で学び, 学位論文 [B-1] でこれを示したのですが, 第 2 章で登場したボホ

ナーも同じ頃，[B-1] とは独立に，やはり学位論文 [Bo] で同じ公式を得ています．ポアソンの公式も (3) と同種のもので，$K_D(z,w)$ はいわゆる再生核の一種です．実は，上の「別証」の議論も既に S. ザレンバ (1863-1942) の論文 [Z] に含まれています．だからかどうか知りませんが，ボホナーは自分の学位論文についてはそっけなく「ベルグマン核を研究しました」としか言わなかったそうです．一方，ベルグマンは小平邦彦先生の自伝 [K] に「物凄く熱心な人で数学に憑かれていると言った感じです」と書かれているほどで，特にベルグマン核への執心ぶりは相当なものだったようです．スタンフォード大学に移ってからは相手構わずベルグマン核の重要性を力説してやまなくなり，しまいにはベルグマンが廊下を通るとオフィスのドアが片端から閉まって行ったそうです．多変数複素解析の難問を解決したことで知られるあの岡潔でさえ，ベルグマンの論文を読んで面食らったことがあるようです．筆者はかつて岡潔が精読して多くの書き込みを残した本を，ピンセットでページをめくりながら読ませてもらったことがありますが，ベルグマン理論に触れた章の最後のページには，ベルグマンの論文 [B-2] の弱点の指摘に続けて

> 此の論文によって判ずるに，St.Bergmann は餘り感心しない (人柄が)

とありました*．これは普通なら誹謗中傷の類ですが，今となっ

---

* ベルグマンはユダヤ系だったので，ヒットラーの台頭後ベルリンを離れ，つてをたどってアメリカに移住しました．その時 Bergmann が Bergman になりました．

ては歴史を作った数学者たちの逸話の一つと言えます．実際，筆者がベルグマンの生国のポーランドで開かれた研究集会に出席した折，食後の歓談中にこの話を披露したところ，満座の大爆笑が起きました．正直，これほどウケたことは数学の話でもありません．

閑話休題．次節ではベルグマン核の基本的性質について述べましょう．

変換公式

リーマン面の塔の場合と同様，ベルグマン核の解析によって高次元の複素多様体の構造に迫ることができます．そのためにはベルグマン核の変換公式が最重要の一歩です．以下では $\mathbf{C}^n$ の有界領域に限って述べますが，一般の複素多様体への拡張は容易です．

命題 1 $K_D(z,w) = \overline{K_D(w,z)}$．

証明 (2) より明白．

命題 2 D^2 上の関数 $\mathcal{K}(z,w)$ は以下の性質を持てば D のベルグマン核に等しい．

a) 任意の $w \in D$ に対し $\mathcal{K}(z,w) \in \mathcal{O}_{L^2}(D)$．

b) $\mathcal{K}(z,w) = \overline{\mathcal{K}(w,z)}$

c) 任意の $f \in \mathcal{O}_{L^2}(D)$ に対し
$$f(z) = \int_D f(w) \mathcal{K}(z,w) d\lambda.$$

証明
$$K_D(z,w) = \overline{K_D(w,z)}$$
$$= \overline{\int_D \mathcal{K}(z,u) \overline{K_D(w,u)} d\lambda_u}$$
$$= \overline{\int_D K_D(w,u) \overline{\mathcal{K}(z,u)} d\lambda_u}$$
$$= \overline{\int_D K_D(w,u) \mathcal{K}(u,z) d\lambda_u}$$
$$= \overline{\mathcal{K}(w,z)} = \mathcal{K}(z,w).$$

命題3 $\mathbb{C}^n$ の有界領域 D_1, D_2 の間に双正則写像 $f: D_1 \longrightarrow D_2$ があれば
$$J_f(z) K_{D_2}(f(z), f(w)) \overline{J_f(w)} = K_{D_1}(z,w).$$
ただし J_f は f のヤコビアンを表す.

略証 $J_f(z) K_{D_2}(f(z), f(w)) \overline{J_f(w)}$ が命題2の条件をみたすことを確かめる.

系1
$$K_{D_2}(f(z), f(z)) |J_f(z)|^2 = K_{D_1}(z,z). \tag{4}$$

命題3をリーマンの写像定理と組み合わせると次が得られます.

命題 4　$n=1$ でありかつ D が単連結ならば，任意の点 $p \in D$ に対して

$$\sqrt{\frac{\pi}{K_D(p,p)}} \int_p^z K_D(\zeta, p) d\zeta \tag{5}$$

は D から $\mathbf{D}$ への双正則写像である．

証明　f を D から $\mathbf{D}$ への双正則写像で $f(p)=0$ かつ $f'(p)>0$ をみたすものとすると，

$$K_{\mathbf{D}}(f(p), f(p))|f'(p)|^2 = K_D(p, p),$$
$$K_{\mathbf{D}}(f(p), f(p)) = K_{\mathbf{D}}(0, 0) = \frac{1}{\pi}$$

より

$$f'(p) = \sqrt{\pi K_D(p, p)}.$$

これと

$$K_{\mathbf{D}}(f(z), f(p))f'(z)\overline{f'(p)} = K_D(z, p),$$
$$K_{\mathbf{D}}(f(z), f(p)) = K_{\mathbf{D}}(f(z), 0) = \frac{1}{\pi}$$

より

$$f'(z) = \frac{\pi K_D(z, p)}{\overline{f'(p)}} = \sqrt{\frac{\pi}{K_D(p, p)}} K_D(z, p).$$

よってこの式を積分すればよい．

ベルグマン計量

　ベルグマン核の変換公式は，命題4の他にも重要な幾何学的意味を持っています．それについて述べるため，$\mathbf{D}$ 上のポアンカレ計量 $\dfrac{|dz|}{1-|z|^2}$ が自己同型群 $\mathrm{Aut}\,\mathbf{D}$ の作用で不変であったことを思い出しましょう．まず，式 $\dfrac{|dz|}{1-|z|^2}$ の意味ですが，これはいわば微小距離を表示する式で，これを積分して曲線の長さが出せるようになっています．つまり C^1 級の曲線 $C:[0,1]\to\mathbf{D}$ の長さ $l(C)$ を

$$l(C)=\int_0^1 \frac{|C'(t)|}{1-|C(t)|^2}\,dt \tag{6}$$

で定め，2点 p,q 間の距離 $\mathrm{dist}(p,q)$ を

$$\mathrm{dist}(p,q)=\inf\{l(C);C(0)=p,\ C(1)=q\} \tag{7}$$

で定めれば，任意の $\gamma\in\mathrm{Aut}\,\mathbf{D}$ に対して

$$\mathrm{dist}(p,q)=\mathrm{dist}(\gamma(p),\gamma(q))$$

となるのでした（第7章「その実体は幾何学」）．ポアンカレ計量を一般化して正則写像が縮小写像になるようにしたものが小林擬距離でしたが，ベルグマン核の変換公式はポアンカレ計量の不変性と密接な関係があります．実際，(4)を $D_1=D_2=\mathbf{D}$，$f\in\mathrm{Aut}\,\mathbf{D}$ に対して当てはめれば

$$\frac{|f'(z)|^2}{\pi(1-|f(z)|^2)^2}=\frac{1}{\pi(1-|z|^2)^2}$$

となり，ポアンカレ計量の不変性が従います．ベルグマンは [B-2] でここから一歩進み，(4)の両辺の対数をとって微分して得られる

$$\sum_{\alpha,\beta} \frac{\partial^2 \log K_D(z,z)}{\partial z_\alpha \partial \overline{z}_\beta} dz_\alpha d\overline{z}_\beta \tag{8}$$

という式の不変性に着目しました．$D = \mathbf{D}$ の場合，この式は

$$\frac{\partial^2 \log(\pi^{-1}(1-|z|^2)^{-2})}{\partial z \partial \overline{z}} = \frac{\partial}{\partial z}\left(\frac{2z}{1-|z|^2}\right)$$
$$= 2\left(\frac{1}{1-|z|^2} + \frac{|z|^2}{(1-|z|^2)^2}\right) = \frac{2}{(1-|z|^2)^2}$$

となり，従ってここからもポアンカレ計量の不変性が導けるからです．(8) を D 上の**ベルグマン計量**と言います．

話が幾何学の領域に入りましたので，ここで複素多様体上の計量について補足しておきましょう．計量とは一口には曲線の長さを測る物差しで，複素多様体の場合，(8) を一般化した式になります．つまり複素多様体 M の各点の周りで局所座標系 $z = (z_1, \cdots, z_n)$ を用いて

$$\sum_{\alpha,\beta} g_{\alpha\overline{\beta}}(z) dz_\alpha d\overline{z}_\beta \tag{9}$$

(ただし $(g_{\alpha\overline{\beta}}) = (g_{\alpha\overline{\beta},z})$ は正定値エルミート行列を値に持つ C^∞ 関数) という式が与えられていて，座標変換 $z = z(w)$ に関して $(g_{\alpha\overline{\beta},z})$ と $(g_{\alpha\overline{\beta},w})$ が

$$\sum_{\alpha,\beta} g_{\alpha\overline{\beta},z}(z(w)) \frac{\partial z_\alpha}{\partial w_r} \frac{\partial \overline{z}_\beta}{\partial \overline{w}_\delta} = g_{\gamma\overline{\delta},w}(w)$$

という関係で結ばれている時，これらをひと続きにつながったものと見なして M 上の**エルミート計量**と言います．このとき M 上の C^1 級の曲線 $C:[0,1] \to M$ の長さ $l(C)$ を

$$l(C) = \int_0^1 \sqrt{\sum_{\alpha,\beta} g_{\alpha\overline{\beta}}(z(C(t))) \frac{dz_\alpha(C(t))}{dt} \frac{d\overline{z}_\beta(C(t))}{dt}}\, dt$$

によって定義できます．つまり (9) の平方根が線素です．エルミート計量により M 上に距離が定まりますが，この距離に関して任意の有界閉集合がコンパクトになることと任意のコー

シー列が収束列であることとは同値になります．このようなエルミート計量は**完備**であるといいます．ポアンカレ計量が完備であることは

$$\int_0^1 \frac{dr}{1-r^2} = \infty$$

からわかります．

完備なエルミート計量としては以下も代表的なものです．

例1 $\sum_{\alpha=1}^n dz_\alpha d\overline{z_\alpha}$: $\mathbf{C}^n$ 上のユークリッド計量．

例2 $\dfrac{dzd\overline{z}}{(1+|z|^2)^2}$: **球面計量**．この式だけだと $\mathbf{C}$ 上のエルミート計量ですが，変換 $z = \dfrac{1}{w}$ により

$$\frac{dzd\overline{z}}{(1+|z|^2)^2} = \frac{dwd\overline{w}}{|w|^4 \left(1 + \left|\frac{1}{w}\right|^2\right)^2} = \frac{dwd\overline{w}}{(1+|w|^2)^2}$$

となるので，$\hat{\mathbf{C}}$ 上のエルミート計量として拡張できます．球面計量とポアンカレ計量は符号の違いを除けばよく似ています．実は球面計量もベルグマン核とたいへん相性が良いのです．それを見るため，$\hat{\mathbf{C}}$ を同次座標 $(\zeta_0:\zeta_1)$ を用いた対応 $z \longmapsto (z:1), \infty \longmapsto (0:1)$ によって $\mathbf{CP}^1 = \{\zeta \cdot (\mathbf{C}\backslash\{0\}); \zeta \in \mathbf{C}^2\backslash\{(0,0)\}\}$ と同一視しましょう．すると球面計量は

$$\sum_{j,k=0,1} \frac{\partial^2 \log(|\zeta_0|^2 + |\zeta_1|^2)}{\partial \zeta_j \partial \overline{\zeta_k}} d\zeta_j d\overline{\zeta_k} \tag{10}$$

とも書けます．言い方を変えれば，正則写像 $\mathbf{C}^2\backslash\{0\} \to \pi : \hat{\mathbf{C}}$ $\left(\pi(\zeta_0, \zeta_1) = \dfrac{\zeta_0}{\zeta_1}\right)$ による球面計量 g の引き戻し $\pi^* g$ を $\mathbf{C}^2$ の座

標で書いたものが (10) です．球面計量のこの見方を一般化して

$$\sum_{j,k=0}^{n} \frac{\partial^2 \log\|\zeta\|^2}{\partial \zeta_j \partial \overline{\zeta_k}} d\zeta_j d\overline{\zeta_k} \quad (\|\zeta\|^2 := \sum_{j=0}^{n} |\zeta_j|^2)$$

を n 次元射影空間 $\mathbf{CP}^n := \{\zeta \cdot (\mathbf{C}\backslash\{0\}); \zeta \in \mathbf{C}^{n+1}\backslash\{(0,0)\}\}$ 上のエルミート計量と見たものを，**フビニ・ストゥディ計量**と言います．小林昭七 (1932-2012) はこのフビニ・ストゥディ計量をもう少しだけ一般化して，無限次元射影空間 $\mathbf{CP}^\infty := \{(\zeta_0 : \zeta_1 : \cdots); \|\zeta\|^2 := \sum_{j=0}^{\infty} |\zeta_j|^2 < \infty\}$ に対しても形式的な無限和

$$\sum_{j,k=0}^{\infty} \frac{\partial^2 \log\|\zeta\|^2}{\partial \zeta_j \partial \overline{\zeta_k}} d\zeta_j d\overline{\zeta_k} \tag{11}$$

で定まる計量を考え，ベルグマン計量を次のように特徴付けました．

命題 5 (cf. [Kb]) D を $\mathbf{C}^n$ の有界領域とし，$\{\varphi_j; j \in \mathbf{N}\}$ を $\mathcal{O}_{L^2}(D)$ の完全正規直交系とすれば，D 上のベルグマン計量は正則写像 $z \longmapsto (\varphi_1(z) : \varphi_2(z) : \cdots)$ による $\mathbf{CP}^\infty$ 上のフビニ・ストゥディ計量の引き戻しに等しい．

これをふまえて，小林は次の問題を提起しました．

問題 1 ベルグマン計量が完備になるための条件を求めよ．

このように，ベルグマン核を詳しく見ていくと興味深い問題

が次々と出現し，ベルグマンならずともついその魔力にとらわれてしまいそうになります．実を申せば筆者もベルグマン核の魅力にとりつかれた一人です．そんな訳で，次章はもう少しだけ，問題1に関連するベルグマン核の話を続けさせていただきたいと思います．

参考文献

[B-1] Bergman, S., *Über die Entwicklung der harmonischen Funktionen der Ebene und des Raumes nach Orthogonal Funktionen*, Math. Ann. 86 (1922), 238-271.

[B-2] ——, *Über die Kernfunktion eines Bereiches und ihr Verhalten am Rande*, J. Reine Angew. Math. 169 (1933), 1-42, **172** (1934), 89-128.

[Bo] Bochner, S., *Orthogonal systems of analytic functions*, Math. Z. **14** (1922), 180-207.

[Kb] Kobayashi, S., *Geometry of bounded domains*, Trans. AMS 92 (1959), 267-290.

[K] 小平邦彦, 怠け数学者の記　岩波書店　1986.

[Z] Zaremba, S., *L'equation biharmonique et une classe remarquable de fonctions fondamentales harmoniques*, Bulletin International de l'Academie des Sciences de Cracovie, Classe des Sciences Mathematiques et Naturelles (1907), 147-196.

第 14 章

再生核に映る幾何

■ そこに幾何があるから

　リーマン面の塔を映す鏡のような働きをするベルグマン核について，前章ではその来歴にさかのぼって基礎的な部分を述べましたが，さらにそれが領域の幾何を映し出す一般的な仕組みを掘り下げてみたいと思います．

　例によってまず前置きです．世界の最高峰であるエベレスト（またはチョモランマ）の登頂を目指し，1924 年，3 度目の挑戦であえなく帰らぬ人となったイギリスの登山家がいました．その人が「なぜあなたはエベレストに登りたかったのか」と問われたとき，「そこに山があるからだ」(Because it's there) と答えたという話は有名ですが，筆者も何度か，目上の数学者相手に「なぜこの問題が重要だと思われたのですか」と尋ねたことがあります．学生時代にはほとんど会う先生ごとに（まことに失礼ながら）半分は怖いもの見たさで数学を志した理由をお聞きしていたのですが，ここではベルグマン核がらみで，比較的最近倉西正武先生 (1924-) から頂いた「そこに幾何があるからだ」という答えについて記したいと思います．

それは 2007 年，ある研究集会のコーヒーブレイクの時のことでした．筆者の質問は「なぜ強擬凸なのですか」というもので，これは倉西先生の**強擬凸 CR 多様体**の研究についてでした．倉西先生は大先生で，赫赫たる業績の詳細は [F] や [Hi] などに譲りますが，話の都合上，その一端を古典論との関係に限ってご紹介しておきましょう．

複素多様体の理論において，一変数の代数関数全体の集合に座標を入れようというリーマンの試みに端を発し，O. タイヒミュラー (1913-43) の理論を経てそれを高次元化した，小平と D.C. スペンサー (1912-2001) の変形理論があります．最先端の数理物理にも絡む理論ですが (cf. [B-C-O-V], [F-L-Y])，その中で最高峰の定理を示したのが倉西先生です．それはコンパクトな複素多様体の変形の普遍族（倉西族ともいう）の存在定理で，1970 年代の多変数複素解析の主要問題の一つは，この倉西の定理を特異点を持つ空間に対して拡張することでした．岡潔の学問的な後継者とも言われる H. グラウエルト (1930-2011) を始めとする多くの数学者たちがこの問題に挑戦し，見事な成果をあげました．その中で，倉西先生はかつて倉西族の構成に用いた方法をふまえ，孤立特異点の近傍の境界が「強擬凸」という特殊な幾何学的構造を持つことに着目した，独自の変形理論を提唱したのです．

強擬凸という概念についてですが，そもそも**擬凸**とは，通常の幾何学的な凸性と同じく領域とその境界の形状に対して用いられる言葉で，適当な座標に関して凸な領域は擬凸です．厳密には，擬凸性は解析関数がそれ以上は解析接続できない最大の定義域（これを**正則領域**という）を幾何学的に特徴付けていますが，いわゆるレビ問題の解として知られるこの命題を示すた

めに岡潔が 1942 年の論文 [O] でとった方法は，一般の擬凸領域を内側から強擬凸領域で近似するというものでした．以下では強擬凸領域とは有界領域で，境界が局所的に適当な座標に関して狭い意味で凸超曲面になるものを言います．つまり

$$\sum_{k=1}^{n-1}|z_k|^2+|z_n-1|^2+\text{高次の項}<1$$

$$(z=(0,\cdots,0) \text{ の近傍で}) \qquad (1)$$

が強擬凸領域の局所的な表示です．また，以下では [O] をふまえて擬凸領域とは強擬凸領域の単調増大列の和集合をいうことにします．一般領域の境界の滑らかな部分，つまり局所的に可微分な実数値関数のグラフとして書ける部分を領域から切り離して独立な対象として取り出したものが CR 多様体で (CR=Cauchy-Riemann または Complex and Real)，特に強擬凸領域の境界の抽象化が強擬凸 CR 多様体です．リーマン面の理論におけるように，抽象的な CR 多様体が複素多様体の実超曲面として実現できるかどうかを問う埋め込み問題は，この分野で基本的です．倉西先生は特異点の変形理論を動機として強擬凸 CR 多様体の変形理論を創めたわけですが，変形理論に留まらず埋め込み問題でも決定的な成果を得，後にはこの上で再生核の分解理論を掘り下げています．

米国のコロンビア大学教授であった倉西先生は，1975 年に筆者の恩師の中野茂男教授の招きで京都大学数理解析研究所を訪れ，タイプ打ちの分厚い原稿をもとに特異点変形理論を講義されました．その時筆者は学生だったのですが，以来折に触れ，この理論が完成し深まっていく様子を観察できたのでした．例えば 1994 年，倉西先生は大きな研究集会での講演の直後筆者に声をかけてくださり，「ベルグマン核の building block (構成要

素)を解明する」と気炎を上げておられました．(もしかしてこれは聞き違えで，本当は「解明する」ではなく「解明せよ」だったかもしれませんが．)2005年にコロンビア大学で開かれた，倉西先生の生誕80年記念研究集会のパーティーの席で，先生が「もう少しの間数学に貢献したい」と挨拶されたことも印象的でした．実際，この少し前の2003年には研究論文を発表しておられます．

さて，2007年の研究集会では，CR多様体に関する多くの講演が「弱擬凸」という未開拓の荒野を目指していました．実は筆者もその一人で，強擬凸とは対極に位置する「レビ平坦なCR多様体」についての結果を発表しました(cf. [Oh-1, 3])．そのような場で，超然としてどこか仙人のような風格が漂う倉西先生の姿に啓発され，思い切って「強擬凸」への思いをお尋ねしてみたわけです．

当意即妙ともいうべき「そこに幾何があるから」という言葉はずしりと重く，筆者にとって金科玉条にも近い教えとなりました．ちなみに，別の日に倉西先生が窓の外の景色を見て「高天原はこんなところだったかもしれない」と言われたことも忘れがたい思い出です．

■ 強擬凸領域上のベルグマン核

つい前置きが長くなってしまいましたが，強擬凸領域の境界の幾何がどのようにベルグマン核の境界挙動に反映されるかを

見ていきましょう．

この節では D は $\mathbf{C}^n$ 内の強擬凸な有界領域であるとします．D 上のベルグマン核とは $D \times D$ 上の関数 $K_D(z,w)$ であり，

$$\mathcal{O}_{L^2}(D) = \left\{ f \in \mathcal{O}(D) ; \int_D |f(z)|^2 d\lambda < \infty \right\}$$

とおいたとき，ヒルベルト空間 $\mathcal{O}_{L^2}(D)$ の完全正規直交系 $\varphi_j \ (j=1,2,\cdots)$ を用いて $K_D(z,w) = \sum_{j=1}^{\infty} \varphi_j(z) \overline{\varphi_j(w)}$ によって定義され，

a) 任意の $w \in D$ に対し $K_D(z,w) \in \mathcal{O}_{L^2}(D)$．

b) $K_D(z,w) = \overline{K_D(w,z)}$

c) 任意の $f \in \mathcal{O}_{L^2}(D)$ に対し

$$f(z) = \int_D f(w) K_D(z,w) d\lambda.$$

をみたすものとして特徴付けられたのでした (第 13 章 命題 2)．また，D_1 から D_2 への双正則写像 f に対し，変換公式

$$J_f(z) K_{D_2}(f(z), f(w)) \overline{J_f(w)} = K_{D_1}(z,w)$$

(J_f は f のヤコビアン)

が成立するのでした．さらに，D 上のベルグマン計量とは

$$\sum_{\alpha,\beta} \frac{\partial^2 \log K_D(z,z)}{\partial z_\alpha \partial \overline{z_\beta}} dz_\alpha d\overline{z_\beta}$$

の形をしたエルミート計量をいうのでした．以下ではベルグマン計量を db_D^2 で表します．

さて，単位円板 $\mathbf{D}$ 上のベルグマン核を求めるときと同様の計算で，n 次元単位球体 $\mathbf{B}_n := \{z \in \mathbf{C}^n ; \|z\| < 1\}$ 上のベルグマン核 $K_{\mathbf{B}_n}$ は

193

$$K_{\mathbf{B}_n}(z,w) = \frac{n!}{\pi^n} \frac{1}{(1-z\cdot\overline{w})^{n+1}}$$

$$(z\cdot\overline{w} := \sum_{k=1}^{n} z_k \overline{w_k}) \tag{2}$$

となります (cf. [Oh-2 p.105]). 一方, n 重円板 $\mathbf{D}^n$ に対して

$$K_{\mathbf{D}^n}(z,w) = \prod_{k=1}^{n} \frac{1}{\pi(1-z_k \overline{w_k})} \tag{3}$$

となることは, $n=1$ のときの結果と一般的な式

$$K_{D_1 \times D_2}((z,u),(w,v)) = K_{D_1}(z,w) K_{D_2}(u,v)$$

$$(z, w \in D_1, \ u, v \in D_2)$$

から明白です. 従ってベルグマン計量はそれぞれ

$$db_{\mathbf{B}_n}^2 = (n+1) \left\{ \frac{\sum_{k=1}^{n} dz_k d\overline{z_k}}{1-\|z\|^2} + \frac{\partial(\|z\|^2)\overline{\partial}(\|z\|)^2}{(1-\|z\|^2)^2} \right\} \tag{4}$$

および

$$db_{\mathbf{D}^n}^2 = 2 \sum_{k=1}^{n} \frac{dz_k d\overline{z_k}}{(1-|z_k|^2)^2} \tag{5}$$

となります. ただし一般に

$$\partial f := \sum_{k=1}^{n} \frac{\partial f}{\partial z_k} dz_k, \ \overline{\partial} f := \sum_{k=1}^{n} \frac{\partial f}{\partial \overline{z_k}} d\overline{z_k}.$$

この例を見ながら少し想像を逞しくするならば, $\mathbf{B}_n$ と $\mathbf{D}^n$ の間には $n \geq 2$ のとき双正則写像はないであろうと思われます. それは, そのような写像が境界まで滑らかに延びるとすれば, (2) と (3) はベルグマン核の変換公式に矛盾しますし, (4) と (5) からはより直接的に, 境界に接する方向の曲線の長さが合わなくなるという矛盾が導けるからです. 実は $\mathbf{B}_2 \neq \mathbf{D}^2$ (非同型) はベルグマン核が導入される前, 境界の幾何の観察をふまえてポアンカレが 1907 年の論文 [P] で述べたことであり, CR 幾何はここで生まれたのでした. ポアンカレは $\operatorname{Aut} \mathbf{B}_2$ と $\operatorname{Aut} \mathbf{D}^2$ に

ついても調べ，原点を固定する自己同型からなる部分群がそれぞれ

$$U(2) := \left\{ \begin{pmatrix} a & b \\ c & d \end{pmatrix}; \begin{pmatrix} a & c \\ b & d \end{pmatrix} \begin{pmatrix} \overline{a} & \overline{b} \\ \overline{c} & \overline{d} \end{pmatrix} = \begin{pmatrix} 1 & 0 \\ 0 & 1 \end{pmatrix} \right\}$$

と

$$\{(z, w) \longmapsto (e^{i\theta} z, e^{i\eta} w); \theta, \eta \in \mathbf{R}\}$$
$$\cup \{(z, w) \longmapsto (e^{i\eta} w, e^{i\theta} z); \theta, \eta \in \mathbf{R}\}$$

に同型であることを，厳密な証明抜きではありますが指摘しています．この研究は同じ年にポアンカレとケーベが独立に発表したリーマン面の一意化定理と好一対をなすもので，高次元の複素多様体論の予期せぬ広さというものを指摘した意味がありました．端的に言うなら，シュワルツの普遍被覆のアイディアの標的は多変数の世界ではあまりにも多いのです．

そこで，問題を幾つかの階層に分けて考えるのが自然です．特に $\mathbf{C}^n$ 内の領域の場合，局所的には境界が近似的に $\partial \mathbf{B}_n$ であるような強擬凸領域について，その上にどのような座標を入れることができるかを，ベルグマン核を手掛かりとして考え始めたのがベルグマンでした．しかし先駆的な仕事の多くがそうであるように，最初のうちは頭と尻尾の区別がなかなかつきにくいものです．岡潔が指摘したベルグマンの論文の弱点は，次の定理が（$n = 2$ に限ってではあるものの）このような座標の存在を前提として主張されたことでした．

定理1 $\liminf_{z \to \partial D} \mathrm{dist}(z, \partial D)^{n+1} K_D(z, z) > 0.$

定理1は $D = \mathbf{B}_n$ の場合 (2) から自明で，一般には K_D が ∂D の微小変動に関し連続であると期待されることからも自然

に予想できる命題ですが，その証明に初めて成功したのは ヘルマンダー でした (cf. [H-2])．その時のことを，ヘルマンダーは回想的な論説 [H-5] で次のように振り返っています．

Stefan Bergman は，この人にちなんでベルグマン核が名付けられたのだが，スタンフォード大に長くいた．一風変わった人で，誰彼となくつかまえてはベルグマン核について延々と長広舌をふるうという噂があった．私もやはり（招かれてそこにいた時）ベルグマンを避け仰せたのは束の間で，すぐにつかまってしまった．そのときベルグマンが語りたかったのは自分の論文についてであった．皮切りは論文を Acta Mathematica に投稿したときのことで，カーレマン* が理不尽にもその掲載を拒否したことについて，ベルグマンは長々と語った．30 年以上経っても，その仕打ちは彼を苛み続けているのだった．カーレマンが如何に誤っていたかを私に納得させようとして，彼は C^2 内の開集合に対する核関数の境界挙動について何を示したかを話し始めた．その方法は，適当な変数変換の後，（与えられた開集合を）内側と外側から開球と二重円板で近似することによるものだった．（その議論の）明白な弱点は，彼が領域全体で定義された新しい解析的な座標を必要としており，そのような座標が存在するかどうかはほとんどの場合に判定が不可能なことだった．しかしそうは言っても強擬凸な境界点においては，その点のまわりの局所座標を，境界が高次の項を除いて（3 次元）球面に一致するようにできる．ベルグマンから解放されて帰宅する途中，私は（自分が得たばかりの）新しい L^2 評

---

* Torsten Carleman, 1892-1949

価式が，ベルグマンが主張した漸近公式を正当化するのに丁度良いものであることに気付いた．それは複素 n 変数まで拡張される．$\bar{\partial}$ 作用素の最大閉拡張が閉値域を持つような開集合の，従って特に $\mathbf{C}^n$ のすべての擬凸開集合の，任意の強擬凸境界点における公式としてである．

(訳は[Oh-4]第7章より)

ちなみにヘルマンダーが得た公式の正確な形は
$$\lim_{z \to z_0} K_D(z,z) \operatorname{dist}(z, \partial D)^{n+1} = \frac{n!}{\pi^n} \mathbf{J}_{z_0}, z_0 \in \partial D$$
(6)

ただし
$$\mathbf{J}_{z_0} = \lim_{z \to z_0} (-1)^n \det \begin{pmatrix} \rho & \partial \rho / \partial z_j \\ \partial / \partial \overline{z}_k & \partial^2 \rho / \partial z_j \partial \overline{z}_k \end{pmatrix},$$

$\rho = \operatorname{dist}(z, \partial D)$

というものでした．これは大論文[H-2]のいわば付録のようなもので，ヘルマンダーの主目的は岡，カルタン，グラウエルトらによって建設された多変数関数論の一般論を L^2 評価式の方法により再構築することでした．それをごく手短に言うなら，複素多様体上で座標を作る方法の開発です．より具体的には，$\mathbf{C}^n$ 上の領域 Ω に対しては擬凸＝正則凸，すなわち強擬凸領域で内部から近似できるという幾何学的性質と「任意のコンパクト集合 $K \subset \Omega$ に対して

$$\hat{K} := \left\{ x \in \Omega \,;\, \forall f \in \mathcal{O}(\Omega) \,|f(x)| \leq \sup_K |f| \right\}$$

はコンパクトである」という関数空間に即した解析的性質が同値であることを岡は証明し，カルタンは正則凸な多様体上でト

ポロジー的手法を整備し，グラウエルトはべき級数の方法を掘り下げながら岡の理論を一般化しました．岡の真に独創的な研究は日本数学界の名誉でもあり，ヘルマンダーは論文の序文で次のように遠慮がちとも取れるコメントを述べています．

　　正確な評価を含む結果を除いては，この論文は多変数の関数に対する新しい存在定理を与えるわけではない．然し乍ら，それは証明の方法により正当化されると信ずる．
　　(Apart from the results involving precise bounds, this paper does not give any new existence theorems for functions of several variables. However, we believe that it is justied by the methods of proof.)

「正確な評価」とは当然ベルグマン核の漸近挙動の決定を指します．これは詳しい解析が岡たちが開いたこの新しい分野でも可能であることを示した点に大きな意義があったと思われます．「証明の方法」は L^2 評価式の方法のことで，実は小平によりすでに複素多様体論で用いられていましたが，それを岡理論の証明に応用することがいかに非自明であったかは，岡がセミナーで小平の仕事を初めて聞いた時「そんな方法では関数は作れない」と言った後，しばらく考えて「コンパクトな多様体なら可能かもしれない」とコメントしたこと (小平論文の報告をした武内章先生 (1934-) の話) からもうかがえます．ただ，この方法を解説したテキストである [H-3] があまりにも見事だったので，多変数複素解析では「もうやることは残っていない」という雰囲気が，少なくとも学生時代の筆者の周りにはありました．

ヘルマンダーの面影

　L^2 評価式の方法を一口で言うならリーマンが学位論文で主張した「ディリクレの原理」の正当化ですが，それについてはジーゲルにケチをつけられた名著［H-3］(本書 第 9 章を参照) やそのコンパクトな副読本であると自負する拙著［Oh-2］に譲り，ここでは大数学者ヘルマンダーの面影を筆者が記憶にとどめるよすがとなったエピソードをご紹介したいと思います．

　それは 1983 年の夏，ドイツのオーバーヴォルファッハ (Oberwolfach) 研究所での出来事でした．スイスとの国境に近い南ドイツの森の，丘の中腹にあるこの場所で，数学のあらゆる分野の研究集会が週ごとに行われています．研究所は食事と就寝のための宿泊棟とセミナー室と図書室がある研究棟から成っていて，月曜から金曜にかけて，朝から夕方まで研究発表と討論が行われます．図書室には玉突き台のある広々とした新着図書のコーナーがあり，書棚に並べられた最新の書籍を自由に手にとって眺められるのはちょっとした贅沢です．筆者が参加したそのときの研究集会のテーマは多変数複素解析で，約 50 名の出席者の中にヘルマンダー先生もいました．

　ある朝，朝食の時間にはまだ早かったので，筆者は新刊本のページをめくってみようと研究棟に行きました．すると玉突き台の向こうのソファーに人影がありました．見るとヘルマンダー先生ではありませんか (岩鼻やここにも一人月の客 去来)．一冊の本を丹念に読んでおられる様子です．近くに寄るのがはばかられ周りの書棚に目を移したところ，空いた箇所が目にとまりました．多分先生が読んでいるのはそこにあった本だと推

測されました．そこで朝食後に確認してみると，確かに一冊の本が戻されていました．そして，それは先生の新しい著作[H-4]でした．それを見たとき特別な感慨がありました．学生時代その本の前身である[H-1]を読んで，初めて本格的な現代解析学（超関数論）に出会うことができたからです．それに加え，著作を新たに世に問う時の気持ちは大先生といえども変わらないのだなあと，今更ながらに感心したことでした．大数学者のそんな一面に接し得たことは，まさに幸運と言うべきでしょう．

2015年1月，改築されて図書室が広くなった研究所を訪れ，やはり多変数複素解析の研究集会に出席しました．ここに来る時はいつもそうですが，時差の関係で朝食には早すぎる時間に目が覚めてしまいます．そこでまた図書室に行きました．今度は誰もいません．窓の外は暗闇で，室内の明かりに照らされて雪がしんしんと降っています．南ドイツに降る雪を横目に，自著が新刊書棚に晒されたわけでもない筆者は，その日に割り当てられた50分の講演のための原稿に手を入れながらひたすら夜明けのコーヒーを待ちわびたのでした．そして今，あの朝のコーヒーはヘルマンダー先生にとっても格別の一杯ではなかったかと想像を新たにしています．

ベルグマン計量の完備性

ベルグマン核の双正則写像に関する共変性（変換公式）から，ベルグマン計量の不変性が従います．この理由から，多変数の

保型関数論においてジーゲルが示した次の結果はベルグマン計量に関連します．

> **定理 2**(cf. [S-2])　D は $\mathbf{C}^n$ の有界領域とする．もし $\mathrm{Aut}\, D$ のある離散部分群 Γ が存在して D/Γ がコンパクトになるなら，D は正則領域($=$ 擬凸領域) である．

これは H. ブレメルマン (1926-96) による次の定理の系でもあります (ジーゲルの証明はベルグマン核を使いません．)

> **定理 3**　$\mathbf{C}^n$ の有界領域 D 上のベルグマン計量が完備ならば，D は正則領域($=$ 擬凸領域) である．

D が正則領域でなければ $\mathcal{O}(D)$ の元はすべて D を真に含む $\mathbf{C}^n$ 上の領域まで解析接続されてしまうので，定理 3 の証明はほとんど「定義の系」です．ちなみに，アーベル関数の集合上の座標を記述するために導入された領域としてジーゲル上半空間があります (cf. [S-1])．ジーゲル上半空間の一般化であるジーゲル領域をリー環論という代数的手法で研究していた先輩に，あるとき「ベルグマン計量については定義しかない」と教わったことがあります．一方，定理 3 は定義しかなくても無価値とは限らないことを示すよい例だと思いますがいかがでしょうか．

さて，L^2 評価式の方法を用いればベルグマン計量に対しても (6) のような精密な形で漸近挙動が導けますが，定理 3 の逆の方向で完備性の問題に関して決定的とも言えるのは次の結果です．

> **定理4**([B-P], [Hb]). $\mathbb{C}^n$ の領域 D に対し，もし D 上に負値の C^2 級関数 φ があって，任意の $c<0$ に対し $\{z;\varphi(z)\leq c\}$ はコンパクト集合であり，かつ
> $$\left(\frac{\partial^2 \varphi(z)}{\partial z_j \partial \bar{z}_k}\right) は D 上半正定値である$$
> ならば db_D^2 は完備である．

　ベルグマン核とベルグマン計量は複素多様体上に自然に拡張されます．ただしその際，複素多様体 M 上では $\mathcal{O}_{L^2}(M)$ の代わりに M 上の正則 n 形式 $f = f_z dz$ ($z=(z_1,\cdots,z_n)$ は局所座標で $dz = dz_1 \wedge \cdots \wedge dz_n$，$\wedge$ は外積，$f_z = f_w J_z(w)$) で
$$(\sqrt{-1})^{n^2} \int_M f \wedge \bar{f} < \infty$$
をみたすもののなすヒルベルト空間を考えます．そもそもリーマン面の塔を映すベルグマン核はこの形のものでした．

　本章は筆者の研究分野である多変数関数論の話でしたが，その本筋である岡理論にはあまり触れませんでした．次章はその話をしながら全体をまとめる方向に持って行きたいと思います．

参考文献

[B-C-O-V] Bershadsky, M., Cecotti, S., Ooguri, H. and Vafa, C., *Kodaira-Spencer theory of gravity and exact results for quantum string amplitudes*, Comm. Math. Phys. 165 (1994), 311-427.

[B-P] Błocki, Z. and Pug, P., *Hyperconvexity and Bergman completeness*, Nagoya Math. J. 151 (1998), 221-225.

[F-L-Y] Fang, H., Lu, Z. and Yoshikawa, K., *Analytic torsion for Calabi-Yau threefolds*, J. Diff. Geom. 80 (2008), 175-259.

[F] 藤木明(編集)，倉西数学への誘い，岩波書店，2013

[Hb] Herbort, G., *The Bergman metric on hyperconvex domains*,

Math. Z. 232 (1999), 183-196.

[Hi] Hironaka, H. (editor-in-chief), *Selected papers of Masatake Kuranishi*, World Scientic 2013.

[H-1] Hörmander, L., *Linear partial differential operators*, Grundlehre der Math. Wiss. 116 Springer-Verlag, Berlin, 1963.

[H-2] ——, *L^2 estimates and existence theorems for the $\bar{\partial}$-operator*, Acta Math. 113 (1965), 89-152.

[H-3] ——, *An introduction to complex analysis in several variables*, D. van Nostrand Publ. Co., Princeton, N. J., 1965.

[H-4] ——, *The analysis of linear partial differential operators. I. Distribution theory and Fourier analysis*. Grundlehren der Math. Wiss. 256. Springer-Verlag, Berlin, 1983.

[H-5] ——, *A history of existence theorems for the Cauchy-Riemann complex in L^2 spaces*, J. Geom.Anal. 13 (2003), 329-357.

[Oh-1] Ohsawa, T., *On the complement of Levi-ats in Kähler manifolds of dimension* 3, Nagoya Math. J. 185 (2007), 161-169.

[Oh-2] ——, 多変数複素解析, 岩波書店, 2008.

[Oh-3] ——, *A reduction theorem for stable sets of holomorphic foliations on complex tori*, Nagoya Math.J. 195 (2009), 41-56.

[Oh-4] 大沢健夫, 双書 (12) 大数学者の数学　岡潔／多変数関数論の建設, 現代数学社, 2014.

[O] Oka, K., (1942), *Sur les fonctions des plusieurs variables. VI: Domaines pseudoconvexes*, Tôhoku Math. J. 49 (1942), 15-52.

[P] Poincaré, H., *Les fonctions analytique de deux variables et la representation conforme*, Rend. Circ.Mat. Palermo 23 (1907), 185-220.

[S-1] Siegel, C. L., *Einführung in die Theorie der Modulfunktionen n-ten Grades*, Math. Ann. 116 (1939), 617-657.

[S-2] ——, *Analytic functions of several complex variables*, Lecture note, Inst. for Advanced Study, Princeton, 1949-50.

第15章

擬凸性と小平理論

■ アーベルの後裔たち

　8月下旬,「複素幾何とコーシー・リーマン方程式」という研究集会に出席するため,ノルウェーに行ってきました．ノルウェーといえば楕円関数の発見者であるアーベルの生国であり,複素解析の研究者たちにとっては一種の聖地です．会場はオスロ市の,大使館が立ち並ぶ地区にあるアカデミックな雰囲気の漂う19世紀末の建物でした．館長の説明によれば,これは漁業で財をなした人物の屋敷で,最初は政治家たちが招かれていたようですが,1911年にノルウェー科学アカデミーの本部となって今に至っています．ちなみに2001年に創設されたアーベル賞はここが出しています．研究集会は多変数関数論の分野で長年にわたって活躍したJ.E.フォルナエス(1946-)の古希を祝うもので,そのため講演の多くはフォルナエスの仕事に関連したものでした．アーベルの学問的な後裔たちがフォルナエスを筆頭に集ったとも言えるかもしれません．複素幾何関係では,ベルグマン核の境界挙動で超球 B_n を特徴付ける問題(ラマダノフ予想)や,多様体上の計量の集合に入る対称空間

の構造についての話が印象に残りました．参加者の一人がオスロ大学の数学科で一般向けの講演をするというので，それも聴きに行きました．内容は微積分の初歩の教え方に関するものながら歴史を掘り下げた興味深いものでしたが，数学科の建物の名が Abel hus（アーベルハウス）だったり，玄関と講義室にアーベルの肖像画があったり，すぐ外にアーベルの銅像があったり，キャンパスの近くに Abel Café があったりということが，筆者を含む日本からの参加者たちにとっては特に感銘深いことでした．フォルナエスはこのオスロ大学の出身で，米国で学位を取得後，プリンストン大学（1974-91）とミシガン大学（1991-2012）を拠点として，1983 年に国際数学者会議（ワルシャワ）で招待講演をし，1994 年にベルグマン賞を受賞するなどの活躍後，現在は帰国してトロントハイム大学の教授を務めています．数学者の中には反例を作るのが得意な人たちがいて，日本では永田雅宜（1927-2008）がヒルベルトの第 14 問題に反例で答えたことが有名ですが，フォルナエスも岡潔のいわゆる問題 F（Problème de frontier）(cf. [O-3]) に反例を与えたことで知られています．例によって前置きが長くなりましたが，これが本章のテーマに絡むので，その解説から入りましょう．

■ 関数の最大定義域と擬凸性

話を一旦，収束べき級数に戻します．C^n の原点を中心とするべき級数

$$p(z) = \sum_I c_I z^I \quad (c_I \in \mathbf{C},\ z^I = z_1^{j_1} \cdots z_n^{j_n},$$

$$I = (j_1, \cdots, j_n) \in \mathbf{Z}_+^n, \mathbf{Z}_+ = \{0, 1, 2, \cdots\})$$

に対し，$\sum_I |c_I| r^I < \infty$ を満たす正の数の組 $r = (r_1, \cdots, r_n)$ が存在すれば，$p(z)$ は $|z_j| \leq r_j$ $(1 \leq j \leq n)$ のとき収束し，特にこの無限級数の和を値として，閉多重円板 $\prod_{j=1}^n \{z_j \in \mathbf{C}; |z_j| \leq r_j\}$ のある近傍 U を定義域とする関数が定まります．U 上のこのような関数として，$p(z)$ は次の三つの，互いに同値な性質を持っています．

1) U の各点 c に対し，テイラー級数

$$\sum_I \frac{p^{(I)}(c)}{I!}(z-c)^I \quad (I! = \prod_{k=1}^n j_k!,\ p^{(I)} = \frac{\partial^{|I|} p}{\partial z_1^{j_1} \cdots \partial z_n^{j_n}})$$

が存在し，かつ c の近傍で収束する．

2) $p(z)$ は実 $2n$ 変数 $(x_1, y_1, \cdots, x_n, y_n)$ の関数として C^1 級であり，かつコーシーリーマン方程式

$$\frac{\partial p}{\partial \bar{z}_j}\left(= \frac{1}{2}\left(\frac{\partial}{\partial x_j} + i\frac{\partial}{\partial y_j}\right)p\right) = 0 \quad (1 \leq j \leq n)$$

を満たす．

3) 任意の点 $c \in U$ に対し，ある $A = (A_1, \cdots, A_n) \in \mathbf{C}^n$ が存在して

$$p(z) = p(c) + \sum_{j=1}^n A_j(z_j - c_j) + o(\|z-c\|)$$

となる．（複素微分可能性）

このように，収束ベキ級数は多重円板上の正則関数を定めます．等式

$$1+z+z^2+\cdots = \frac{1}{1-z} \quad (z\in \mathbf{C}, |z|<1)$$

からもわかるように，$p(z)$ は正則関数として多重円板よりも広い範囲に拡張できることがあります．一般に，与えられた正則関数を可能な限り正則に拡張したときに生ずる $\mathbf{C}^n$ 上の領域を**正則領域**と言います．ワイアシュトラスが関数要素の集合として導入した解析関数の，自然な最大定義域が正則領域です．$\mathbf{C}^n$ 上の領域とは何であったかといえば，連結な n 次元の複素多様体 D と正則写像 $\pi:D\to \mathbf{C}^n$ の組で，射影 π が（いたるところ）局所同相写像になっているものでした．

1897 年，国際数学者会議（第一回）でフルヴィッツは $\mathbf{C}^2\setminus\{(0,0)\}$ が正則領域ではないことを指摘し，1906 年の論文で，ハルトークスは正則領域が凸性に似た幾何学的性質を持つことを示し，1911 年，E.E. レビ (1883-1917) はこの性質に微分幾何的表現を与えました．これらをふまえ，1931 年の論文 [C] で H. カルタン (1904-2008) は $\mathbf{C}^n$ 内の開集合 Ω に対して擬凸性の概念を次のように定義しました．

定義 1 任意の $z_0\in\partial\Omega$ に対して超球 $\mathbf{B}_n(z_0,r):=\{z;\|z-z_0\|<r\}$ があり，正則関数 $f\in\mathcal{O}(\Omega\cap\mathbf{B}_n(z_0,r))$ で z_0 を除去不能な特異点として持つものが存在するとき，Ω は**擬凸**であるという．

ただし「除去不能な特異点」の意味は一変数の場合と同様で，次の性質を持つ z_0 の近傍 U と U 上の正則関数 g が**存在しない**ことを言います．

f と g は $U \cap \Omega$ のある連結成分上で一致する．

カルタンによるこの擬凸性の定義を $\mathbf{C}^n$ 上の領域に対して一般化すると次のようになります．

定義 2 $\mathbf{C}^n$ 上の領域 (D, π) が**擬凸**であるとは，任意の点 $z_0 \in \mathbf{C}^n$ に対し近傍 $U \ni z_0$ が存在して，$\pi^{-1}(U)$ のすべての連結成分が正則領域になることをいう．

岡潔は擬凸領域が正則領域であることを示しました．この問題の解決を主要な目標として多変数関数論の基礎理論が構築されたのです．重要な一歩は**岡の補題**とも呼ばれる次の定理で，カルタンの擬凸性にレビ式の幾何学的表現を与えるものです．

定理 1 (cf. [O-1, 2]).

$\mathbf{C}^n$ 上の領域 (D, π) が擬凸であるための必要十分条件は，D 上の C^∞ 級の実関数 φ で次の条件を満たすものが存在することである．

ⅰ) 任意の $b \in \mathbf{R}$ に対し，集合 $\{p \in D\, ; \varphi(p) \leq b\}$ はコンパクトである．

ⅱ) φ の複素ヘッセ行列

$$\left(\frac{\partial^2 \varphi}{\partial z_j \, \partial \overline{z}_k} \right)_{1 \leq j, k \leq n} \quad (\text{レビ形式ともいう})$$

はいたるところ正定値である．

以下ではⅰ) の条件を満たす関数を**皆既関数**と呼び，ⅱ) の条件を満たす関数を**強多重劣調和関数**と言います．これらの概

念は複素多様体上に自然に拡張できます．定理1を示すため，岡は距離関数

$$\mathrm{dist}(p) := \sup\{r\,;\, p \text{ のある近傍 } U \text{ に対し}$$
$$\pi|_U \text{ は } \mathbf{B}_n(\pi(p), r) \text{ への位相同型}\}$$

を用いました．D が $\mathbf{C}^n$ 内の領域なら $\mathrm{dist}(p)$ は p から ∂D までのユークリッド距離です．D が擬凸なら $-\log \mathrm{dist}(p)$ がすべての複素方向に対して最大値の原理を満たすことがポイントで，これを適当に修正すれば i) と ii) を満たす φ が作れます．φ の存在から D の正則性を導く議論も岡潔の重要な発見の一つです．この部分は後に H. グラウエルト (1930-2011) らによって次のように一般化されました．

定理2 複素多様体 M 上に強多重劣調和な皆既関数があれば，M から $\mathbf{C}^n$ への正則写像 $F = (f_1, f_2, \cdots, f_{2n+1})$ で次の条件 a), b) を満たすものが存在する．

a) F は単射である．$(F(p) = F(q) \Rightarrow p = q)$

b) $\sum_{k=1}^{2n+1} |f_k|^2$ は M 上強多重劣調和な皆既関数である．

別の言い方をすれば，強多重劣調和な皆既関数の存在は複素数空間の複素閉部分多様体を特徴付ける条件であるということになります．定理2の条件を満たす多様体を**シュタイン多様体**と言います．正則領域はシュタイン多様体です．簡単で基本的なことですが，$\mathbf{C}^2 \backslash \{(0,0)\}$ はシュタイン多様体ではありません．

さて，$\mathbf{C}^n$ 上の擬凸領域はワイアシュトラスの関数要素の集合体であると同時に，リーマン面の高次元版であるとも言えますが，そもそもリーマンが $\mathbf{C}$ 上の領域を関数論に持ち込んだ

動機は，代数関数論を幾何学的に把握するためでした．そのため，リーマン面は一般にはリーマン球面 $\hat{\mathbf{C}}$ 上の分岐点（射影が局所同相でない点）を持つ領域になっています．したがって，この観点から多変数の代数関数の定義域を正しく設定するためには，$\mathbf{C}^n$ 上の領域にとどまらず，特異点を許したいわゆる解析空間とそこから $\mathbf{C}^n$ への正則写像というものにまで対象を広げた，分岐領域というものについての理論が必要です．その意味で，次の問題は基本的でした．

問題 F_1 n 次元の連結な複素多様体 M から $\mathbf{C}^n$ への正則写像 があり，次の条件 1)～3) が満たされているとする．

1) M の内点を持たない解析集合（局所的に正則写像の定値集合である部分集合）A があって，$(M \backslash A, \pi|_{M \backslash A})$ は $\mathbf{C}^n$ 上の領域である．

2) 任意の点 $z_0 \in \mathbf{C}^n$ に対し近傍 $U \ni z_0$ が存在して，$\pi^{-1}(U)$ のすべての連結成分はシュタイン多様体になる．

3) 任意の $z \in \mathbf{C}^n$ に対して $\pi^{-1}(z)$ は離散的である．
このとき M はシュタイン多様体になるか．

問題 F_2 $\mathbf{C}^n$ 上の擬凸な分岐領域は代数型の多価性を持つ正則関数の最大定義域になりうるか．

問題 F_1 は [O-3] 内の問題 F をやや限られた場合に別の言葉で言い換えたもので，問題 F_2 はその一つの変型です．

フォルナエスは問題 F_1 に反例を与えたのでした．ちなみ

に，岡潔自身は定理 1 を実質的には 1942 年の論文 [O-1] とその直後に書かれた日本語の原稿で証明済みでしたが，その後問題 F を肯定的に解決する方向で考察を続け，有名な連接性定理の着想はそこから生まれたと言われます．セミナー等で岡と親しく接した河合良一郎先生（京都大学名誉教授 故人）によれば，岡は問題 F の解決を書き上げていましたが，細部をチェックしきれていないのでまだ発表できないこと，そして自分が世を去った後はそれを読んでほしいことを言い残していたそうです．フォルナエスの論文が出たのは岡の没年の 1978 年ですが，そのプレプリントは前年にはあちこちに届いていて，特に京都大学では大変な評判だったことを覚えています．河合先生の話は少しできすぎているような気もしますが，岡の原稿は本人がフォルナエスの反例を知った後廃棄してしまったと考えるのが自然で，したがってウラが取れないのが理にかなっているという，なんとも皮肉なエピソードでした．

フォルナエスの反例は，いわゆるハルトークスの三角領域
$$\{(z,w)\in \mathbf{C}^2 ; |z|<|w|<1\}$$
を少しひねって二重円板を分岐領域として実現することにより円板 $\{(z,w); z=0, |w|<1\}$ が入るようにしておき，それらの無限個のコピーを適当に張り合わせて作ります．見事な構成で，フォルナエスがおとぎ話に出てくる千里眼のように思えます．ただし，これは問題 F_2 の反例にはなっていないようです．ちなみに，研究集会に伴う晩餐会のスピーチで，フォルナエスのお弟子の H. ペータース氏が師匠直伝の 10 の教訓を披露していましたが，その中で「細部をチェックせよ」というのを二度繰り返していました．最後の一番大事な教訓は笑いを取る冗談で，なかなかのものでした．ただしそれがいささか下品なもの

であるため，ここに書けないのは残念です．

擬凸多様体上の小平理論

　複素多様体 M 上の擬凸領域 D がいつシュタイン多様体になるかという問題を**レビ問題**と言います．$M = \mathbf{C}^n$ の時は常にそうだというのが定理 1 です．$M = \mathbf{CP}^n$（複素射影空間）の時は，「$D \neq M$ なら D はシュタインである」が知られています．これは岡潔の門弟である藤田玲子氏と武内章氏が互いに独立な方法で示しました．M が $\mathbf{C}^n$ を $\mathbf{C}^n (\subset \operatorname{Aut} \mathbf{C}^n)$ の離散的な部分群で約してできるコンパクトな多様体（n 次元複素トーラス）ならば，M 上の擬凸領域 D は $D \neq M$ でもシュタインになったりならなかったりします (cf. [Oh])．岡が定理 1 の証明に用いたのがユークリッド計量に関する境界距離の性質だったことからもわかるように，レビ問題の答えは M 上にどのようなエルミート計量が入るかによって変わり得ます．見方によっては，この点で多変数関数論の理論構成が循環論法的になっているとも思えます．というのも，複素多様体上の標準的な計量を記述するための座標は，$\mathbf{C}^n$ 上のユークリッド計量 $\sum_{j=1}^{n} dz_j d\overline{z}_j$ にせよ D 上のポアンカレ計量 $\dfrac{dzd\overline{z}}{(1-|z|^2)^2}$ にせよ，あるいは有界領域上のベルグマン計量にせよ，すべて正則関数だからです．複素多様体上で良い計量を書き下すために良い座標が必要

であるとすれば,良い座標の存在の証明に良い計量が必要だという事態をどう理解べきでしょうか.この意味で,複素多様体上のレビ問題における進展は,今世紀の数学の展開に大きなインパクトを与えうるとひそかに考えています.

ともあれ,個々の関数の性格よりも,それらの集合体のなす座標系の完全性のようなものがベルグマン核に反映された結果として標準的な計量が現れているのだとすれば,興味の対象は自ずからここを中心として広がることになります.端的には,複素多様体 M 上に強多重劣調和な皆既関数 φ が与えられた時,定理2はこれが多くの正則関数の存在を保証することを言っていますが,グラウエルトの証明は構成的ではないのでその仕組みが詳しくわかるようにはなっていません.φ を解きほぐすようにして M 上に一定の正則関数の系列を作ることは可能でしょうか.驚くべきことに,この問いに対する本質的な解答は,定理1の完全な証明が示された頃,すでに小平邦彦の論文[K]の中に書かれていたのです.それは「良い計量」に関するラプラス作用素の性質を利用するものでした.M, φ を定理2の通りとした時,φ の強多重劣調和性から M 上にエルミート計量

$$\partial \bar{\partial} \varphi := \sum_{j,k=1}^{n} \frac{\partial^2 \varphi}{\partial z_j \partial \bar{z}_k} dz_j d\bar{z}_k$$

$((z_1, \cdots, z_k)$ は M の局所座標$)$

が定まります.M が $\mathbf{C}^n$ の有界領域の時,ベルグマン計量がこの形をしています.小平理論は局所的にこの形をした計量(ケーラー計量)を持つ複素多様体上で有理型関数を作る,微分幾何学的方法です.小平は H. ワイル (1885-1955) と W.V.D. ホッジ (1903-75) の仕事に導かれ,コンパクトな複素

多様体上でこれを定式化したのです．その背景や内容の詳細については [A] や [Kb] に譲り，ここではそれを定理 1 の証明に流用したものの概要をご紹介しましょう．

小平理論では特異性（特に極）を与えて関数を作る問題を，非同次型のコーシー・リーマン方程式

$$\frac{\partial u}{\partial \bar{z}_j} = v_j \quad (j=1,\cdots,n)$$

を解く問題に直します．$\mathbf{C}^n$ 内の領域 D の場合，その手続きは次のようになります．

D 上の有理型関数 $f(z)$ で $D\cap\{z_n=0\}$ に沿って与えられた主要部

$$P(z) = \sum_{j=1}^{m} c_j(z') z_n^{-j}, \quad z' = (z_1,\cdots,z_{n-1}),$$
$$D' = \{z'\,;(z',0)\in D\}, \quad c_j(z') \in \mathcal{O}(D')$$

を持つものを作るには

（Ⅰ）D における $D'\times\{0\}$ の近傍 $U\subset V$ と $\chi\in C^\infty(D)$ を，$\mathrm{supp}(\chi-1)\cap U = \emptyset$ かつ $\mathrm{supp}\,\chi\subset V$ となるように取り

$$\tilde{P}(z) = \begin{cases} \chi(z)P(z) & (z\in V) \\ 0 & (z\in D\setminus V) \end{cases}$$

とおく．

（Ⅱ）
$$v_j(z) = \begin{cases} \dfrac{\partial \chi}{\partial \bar{z}_j}(z)P(z) & (z\in D\cap\{z_n=0\}) \\ 0 & (z\in D'\times\{0\}) \end{cases}$$

$(j=1,\cdots,n)$ とおく．

（Ⅲ）D 上で方程式

$$\frac{\partial u}{\partial \bar{z}_j} = v_j \quad (j=1,\cdots,n) \tag{1}$$

を解く．

(1) の解 u に対して $f=\tilde{P}-u$ とおけば $f \in \mathcal{O}(D \setminus D' \times \{0\})$ であり，$f-P \in \mathcal{O}(U)$ となるので，f が（一つの）求める関数であるということになります．ちなみにこの手続きは P. クザン (1867-1933) が学位論文 [Cs] で述べたものと同等で，いわゆるクザンの加法的問題を非同次型のコーシー・リーマン方程式 (1) に直したものです．このような言い換えは，P. ドルボー (1924-2015) の学位論文 [D] でもっと一般的な状況で確立され，**ドルボー同型**と呼ばれています．

さて，擬凸領域上で (1) が解ける理由ですが，これを A. アンドレオッティ (1924-80) と E. ヴェゼンティーニ (1928-) の論文 [A-V]（特に Lemma 8）に沿って，ここで必要な形に直してご紹介しましょう．[A-V] はその題「小平の一定理について」からもわかるように，小平 [K] によるコンパクトな複素多様体上のコホモロジー消滅定理を非コンパクトな多様体へと一般化したものですが，ここではそれを $\mathbf{C}^n$ 内の領域に限って述べます．

命題 1 D 上の強多重劣調和な皆既関数 $\varPhi$ で $\partial \bar{\partial} \varPhi$ が完備なエルミート計量になるものがあれば，$v_j \in C^\infty(D)$ $(j=1,\cdots,n)$ が条件

$$\frac{\partial v_j}{\partial \bar{z}_k} = \frac{\partial v_k}{\partial \bar{z}_j} \quad (j,k=1,\cdots,n) \tag{2}$$

および

$$\int_D e^{-\Phi} \sum_{j,k=1}^n v_j \overline{v_k} \Phi^{\bar{k}j} d\lambda < \infty \tag{3}$$

(ただし $(\Phi^{\bar{k}j})$ は $\left(\dfrac{\partial^2 \Phi}{\partial z_j \partial \overline{z}_k}\right)$ の逆行列で, $d\lambda = dx_1 dy_1 \cdots dx_n dy_n$ (ルベーグ測度))を満たせば,

$$\frac{\partial u}{\partial \overline{z}_j} = v_j \quad (j=1,\cdots,n) \tag{4}$$

および

$$\int_D e^{-\Phi} |u|^2 d\lambda < \infty \tag{5}$$

を満たす $u \in C^\infty(D)$ が存在する.

強多重劣調和な皆既関数 $\varphi \in C^\infty(D)$ があれば,任意の狭義単調増加な凸関数 $\tau: \mathbf{R} \to \mathbf{R}$ に対し

$$\partial\overline{\partial}(\tau(e^\varphi)) = \tau'(e^\varphi) e^\varphi (\partial\overline{\partial}\varphi + \partial\varphi\overline{\partial}\varphi) + \tau''(e^\varphi) e^{2\varphi} \partial\varphi\overline{\partial}\varphi$$

より,$\Phi = \tau(e^\varphi)$ とおけば $\partial\overline{\partial}\varphi$ は完備な計量になり,任意の $w_j \in C^\infty(D)$ $(j=1,\cdots,n)$ に対し τ を適当に選べば

$$\int_D e^{-\Phi} \sum_{j,k=1}^n w_j \overline{w_k} \Phi^{\bar{k}j} d\lambda < \infty$$

となりますから,命題 1 と岡の補題から,(1) が擬凸領域 D 上で常に解を持つことが従います.

このように,$\mathbf{C}^n$ 内の擬凸領域 D 上では (1) が解け,主要部を与えて関数を作る問題も解け,その結果,制限写像

$$\mathcal{O}(D) \to \mathcal{O}(D' \times \{0\})$$

が全射になることが従います.これをふまえ,次元に関する帰納法で D が正則領域であることが示せます.この部分はセールの判定法と呼ばれていますが,文献的には [Ht-1] で初めて指摘されたことのようです([Ht-2, p.252] も参照).

筆者はかつて小平先生がプリンストン大学周辺では消滅定理の意味が正しく理解されていないと，ちょっとここには書けない言葉で嘆いておられたことを，お弟子さんの一人から聞きました．このことから推し量るに，小平先生は消滅定理とレビ問題のこのような関係に当然気づいていたと思われます．これもウラの取れないことではありますが，筆者が直に聞いた話が拠り所となるので記しておきます．

リーマン面の塔からベルグマン核を経て多変数関数論の話が続きましたが，次章は1変数の複素解析に戻り，そろそろ話を収束させたいと思います．

参考文献

[A] 秋月康夫，輓近代数学の展望，(ちくま学芸文庫) 筑摩書房 2009.

[A-V] Andreotti, A. and Vesentini, E., *Sopra un teorema di Kodaira*, Ann. Scuola Norm. Sup. Pisa 15(1961), 283 - 309.

[C] Cartan, H., *Sur les domaines d'existence des fonctions de plusieurs variables complexes*, Bull. Soc. Math. France 59 (1931), 46 - 69.

[Cs] Cousin, P., *Sur les fonctions de n variables*, Acta Math. 19 (1895), 1 - 62.

[D] Dolbeault, P., *Sur la cohomologie des variétés analytiques complexes*, C. R. Acad. Sci. Paris 236(1953), 175 - 177.

[F] Fornaess, J. E., *A counterexample for the Levi problem for branched Riemann domains over $\mathbb{C}^n$*, Math. Ann. 234 (1978), 275 - 277.

[Ht-1] Hitotumatu, S., *A note on Levi's conjecture*, Comment. Math. Univ. St. Paul. 4 (1955), 105 - 108.

[Ht-2] 一松信，多変数解析函数論，培風館(復刻版) 2016.

[Kb] 小林昭七，複素幾何，岩波書店，2005.

[K] Kodaira, K., *On a differential-geometric method in the theory of analytic stacks*, Proc. Nat. Acad. Sci. U. S. A. 39 (1953), 1268 - 1273.

[Oh] Ohsawa, T., *A reduction theorem for stable sets of holomorphic foliations on complex tori*, Nagoya Math. J. 195 (2009), 41 - 56.

[O-1] Oka, K., *Sur les fonctions analytiques de plusieurs variables. VI. Domaines pseudoconvexes*, Tôhoku Math. J. 49 (1942), 15 - 52.

[O-2] ——, *Sur les fonctions analytiques de plusieurs variables. IX. Domaines sans point critique interieur*, Jap. J. Math. 23 (1953), 97 - 155.

[O-3] 岡潔, H. Poincaré の問題について (素材其の一) www.lib.nara-wu.ac.jp/oka/mi/pdf/mi19.pdf

第 16 章

彼の来処を量る

■ 功の多少を計る

　前章はベルグマン核からの流れで，レビ問題とフォルナエスの反例という比較的最近の話題を取り上げました．問題は多変数の解析関数の接続に関するものでしたが，関数要素の解析接続で多価性の問題にケリをつけたワイアシュトラスの頃に比べると，複素解析の風景はかなり広がっています．本書でその全景を記述することはできませんでしたが，それでもそろそろ話をまとめる頃になりました．本章はその都合上，グリーン関数（第7章）にまで戻り，これとベルグマン核を結ぶ線に沿って話を進めたいと思います．気分としては「功の多少を計り，彼の来処を量る」という，禅宗のお寺で食前に唱和されるお経（五観の偈）の一節が浮かぶところで，具体的には前章でも触れた計量と座標の関係性の続きでもあります．まず「功の多少を計る」（どれだけの人手がかかったかを知る）ことから始めましょう．

　大数学者にして科学界のレジェンドであるアルキメデスは，「われに支点を与えよ，しからば地球を動かしてみせよう」と言いました．てこの原理の発見者の矜持ですが，より一般にも学者の気概を表す言葉として広く用いられているようで，筆者は

かつてこれを専門書を著すときの心構えとして教わったことがあります．数学に限っても，これになぞらえて端的に表現出来る大発見は多いようです．例えばデカルトだと，「われに座標を与えよ，しからば幾何の問題を代数に直してみせよう」とでもなるでしょうか．複素解析でも，ポアンカレなら AutD が非ユークリッド幾何の合同変換群であると見抜きポアンカレ級数を発見した仕事に，「われに（フックス）群を与えよ，しからば（保型）関数を作ってみせよう」という言葉を当てることができるでしょうし，レビ問題を解決した岡潔には「われに擬凸領域を与えよ，しからば正則関数を作ってみせよう」の台詞がふさわしいかもしれません．またベルグマンであれば，「われに有界領域を与えよ，しからば双正則写像で不変なエルミート計量を作ってみせよう」とでも，実際にも言っていそうな所です．小平邦彦は $\mathbf{CP}^n$ の部分多様体として実現できるコンパクトな複素多様体（射影的多様体）を計量的な性質（ホッジ計量の存在）で特徴付けましたが，この仕事も「われに計量を与えよ，しからば関数を作ってみせよう」と要約できるでしょう．ちなみに，有界領域を離散群の作用で約してできるコンパクトな複素多様体が射影的であることは，小平の方法で初めて証明できたことですが，これは領域上のベルグマン計量が商空間上のホッジ計量を導くという，きれいな対応付けをふまえています．

■ われにポテンシャルを与えよ

岡潔は $\mathbf{C}^n$ 上の擬凸領域 $\pi: D \to \mathbf{C}^n$ 上で正則関数を作るにあたり，ユークリッド計量で測った境界距離 $\mathrm{dist}(p, \partial D) :=$

$\sup\{r; \pi$ は $\{q; \|\pi(p)-\pi(q)\|<r\}$ の p を含む連結成分上で $\{z; \|z-\pi(p)\|<r\}$ への同相写像 $\}$ を利用しました. $\mathrm{dist}(p, \partial D)$ の重要な性質は $\log \dfrac{1}{\mathrm{dist}(p, \partial D)}$ の多重劣調和性 ($\mathbf{R}\cup\{-\infty\}$ に値を持ち局所的に強多重劣調和関数の減少列で近似できる) で, これによって D を強擬凸領域で内部から近似することにより関数の構成が可能になったのでした. 岡のこの方法が複素射影空間 $\mathbf{CP}^n$ 上の領域に対しても有効であることを, 武内章が示しています (cf. [T]). ベルグマンは関数 (ベルグマン核) から計量を作りましたが, この計量が $\mathbf{CP}^\infty$ の標準的な計量 (フビニ・ストゥディ計量) から導かれることを小林昭七が指摘しました. このように, 複素多様体上では計量と座標が微妙に関連し合っていて, 最近の研究でもその絡み具合を調べることが難問解決の糸口になったりしています.

多様体の複素構造を特定する問題も, 高次元の場合には位相的条件だけでは無理なので, 計量の条件を与えて解かれています. 例えば岡や小平の理論をさらに精密な形で応用することにより,「定点からの距離の逆二乗より速く曲率が 0 に減衰する負曲率の n 次元単連結完備ケーラー多様体は $\mathbf{C}^n$ と双正則同型である」という結果が得られています (cf. [S-Y], [G-W]). これも計量を与えて座標を作る話ですが, ユークリッド幾何と非ユークリッド幾何の境界線を高次元で見るような趣があります. ケーラー多様体とはエルミート計量で局所的に

$$\sum_{j,k} \frac{\partial^2 \varphi}{\partial z_j \partial \bar{z}_k} dz_j d\bar{z}_k \tag{1}$$

の形をしたものを持つ複素多様体を言います. このような計量を**ケーラー計量**と言い, 関数 φ を計量の (局所的な) ポテンシャルと言います. ケーラー計量は E. ケーラー (1906-2000) の論文 [K] にちなみますが, 実は J.A. スカウテン (1883-1971)

と D. ファン・ダンツィヒ (1900-59) の論文 [S-vD] に先着権があるようです．[S-vD] の論文タイトルからもうかがえるように，当時この計量が興味を引いた理由はアインシュタインの一般相対性理論にあります．ケーラー計量でアインシュタインの方程式の特殊解になるものがあり，これらは今日ケーラー・アインシュタイン計量と呼ばれ，複素幾何の最先端の研究課題です．一方，ポテンシャルの名の由来は案外古く，(1) が特殊な場合に電荷分布を与える式になることに由来しているようです（ポアソン方程式）．この意味では点電荷のポテンシャルがグリーン関数になります．ベルグマン核 K_D からベルグマン計量が $\sum_{j,k} \frac{\partial^2 \log K_D(z,z)}{\partial z_j \partial \overline{z}_k} dz_j d\overline{z}_k$ によって定義されますから，$\log K_D(z,z)$ はベルグマン計量のポテンシャルです．岡理論では $\log \frac{1}{\mathrm{dist}(p, \partial D)}$ を近似するポテンシャルを用いて正則関数を構成します．小平理論で用いられる**ホッジ計量**とは，多様体 M 上のケーラー計量のうち，その局所的なポテンシャル関数系 $\{\varphi_\alpha\}$ ($\cup_\alpha U_\alpha = M$, $\varphi_\alpha \in C^\infty(U_\alpha)$) が正則関数系 $e_{\alpha\beta} \in \mathcal{O}(U_\alpha \cap U_\beta)$ で関係式 $e_{\alpha\beta} e_{\beta\gamma} = e_{\alpha\gamma}$ ($U_\alpha \cap U_\beta \cap U_\gamma \neq \emptyset$) を満たすものにより，$U_\alpha \cap U_\beta$ 上

$$\varphi_\alpha = \log|e_{\beta\alpha}|^2 + \varphi_\beta$$

で結ばれているものを言います．ちなみに，M がコンパクトな時にはホッジ計量の定義を「ケーラー計量で，その基本形式が（ある）正則直線束のチャーン類を代表するもの」と短く言うことができます．

ポテンシャルという言葉は元来「ポテンシャルエネルギー」のように物理的な内在力を表す用語ですが，重力の式と荷電粒子間のクーロン力の式が似ていることなどから，ガウスが地磁気の研究の基礎として創設したのが数学におけるポテンシャル論

です．ガウスであれば「われにポテンシャルを与えよ，そうすれば地磁気の地図を作ってみせよう」とでも言ったでしょうか．今日でも複素解析は工学や先端的な物理の基礎として重要ですが，それは複素解析において正則関数とポテンシャルが密接に関係していることと無関係ではありません．

注目すべき等式

さて，単連結な平面領域上のグリーン関数はリーマン写像を用いて書け（第7章），リーマン写像はベルグマン核を用いて書けます（第13章）．したがって一般の領域上でもグリーン関数とベルグマン核の間にはなんらかの関係式が成立すると予想することは自然です．実際，1950年に第二次大戦後初めての国際数学者会議（ICM）がケンブリッジ（米国マサチューセッツ州）で開催された時，M. シッファー（1911-97）はそこで $\mathbf{C}$ 内の領域 D に対し，D のベルグマン核 $K(z,w)(=K_D(z,w))$ とグリーン関数 $g(z,w)$ の間に

$$K(z,w) = \frac{2}{\pi} \frac{\partial^2 g(z,w)}{\partial z \, \partial \overline{w}} \tag{2}$$

という関係式が成立することを報告しました（cf. [Sch-2]）．この等式のポイントは右辺の再生性です．$D=\mathbf{D}$（単位円板）の場合には $g(z,w) = \log\left|\dfrac{z-w}{1-\overline{z}w}\right|$ よりこれはベルグマンの核公式（第13章）そのものですが，より一般に D が有界で $\partial D \in C^1$ である場合にも，グリーン関数の性質を利用しながらガウス・グリーンの公式を用いると，$D=\mathbf{D}$ の場合に帰着さ

せることができます（詳しくは [C, p.268-p.269]）．ちなみに，一般のリーマン面上でも $g \not\equiv -\infty$ ならば (2) の右辺に $dzd\bar{w}$ を乗じると正則微分のベルグマン核を表す公式になります．ただしリーマン面 R 上のグリーン関数は，$p \in R$ に対し p のまわりの局所座標を z としたとき，関数の集合

$$S_p = \{u \in [-\infty, 0)^R ; u は劣調和で \lim_{z \to 0}(u(z) - \log|z|) < \infty\}$$

を考え，

$$g(p, q) = \sup\{u(q); u \in S_p\}$$

によって定めます．これはディリクレ問題の解（第 7 章）を逆用した定義です．

シッファーはベルリン大学で最初は数学と物理の両方を学んでいましたが，量子力学の泰斗であった E. シュレディンガー (1887-1961) にどちらか一方に専念するように促され，熟慮の結果数学を選んだ人です．ベルグマンとはこの頃から親しかったようです．シッファーもユダヤ人だったのでドイツには残れずエルサレムで学位を取りましたが，後に米国に移り，ベルグマンと同時にスタンフォード大学に教授として迎えられています．ちなみに公式 (2) はシッファーの公式またはベルグマン・シッファーの公式と呼ばれていますが，同じ理由でドイツを追われた指導的数学者の R. クーラント (1888-1972) の名書 [C]「ディリクレの原理，等角写像，および極小曲面」の付録としてシッファー自身が書いた論説「等角写像論における最近の二三の進展」では，(2) の出典として自身の論文 [Sch-1] の他にヴィルティンガーの論文 [W-3] も引用されています．そこでは (2) はシッファーの公式ではなく「注目すべき等式」と呼ばれています．ヴィルティンガーは既に 1932 年の論文 [W-2] で (2) の右辺の再生性を示していますが，そこで核関数についてのベルグマンやボホナーの論文が引用されていないのはちょっと残念です．彼

らの仕事をヴィルティンガーが知らなかったとも思えないので，多分ベルグマン核の再生性による特徴づけは当時は全く自明ではなかったのでしょう．ちなみに，導入されたこの論文では[W-1]で複素微分の記号

$$\frac{\partial}{\partial z}=\frac{1}{2}\left(\frac{\partial}{\partial x}-i\frac{\partial}{\partial y}\right),\ \frac{\partial}{\partial \bar{z}}=\frac{1}{2}\left(\frac{\partial}{\partial x}+i\frac{\partial}{\partial y}\right)$$

が有効に使われているという点でも注目すべきことであると思います．('$\bar{z}$で微分する'ということを最初に実行したのはポアンカレです．)ともかく，20世紀前半の複素解析は，量子力学と相対性理論という新しい物理の理論の展開と軌を一にしながら，ポテンシャル論を中心に展開したと言えそうです．

　実を言えば本章の話はここからが本題です．シッファーはスタンフォード大で多くの俊才達を育てましたが，その中で傑出しているのがD. ヘッチェル(1948-)です．この人は1972年に「テータ関数，核関数およびアーベル関数」と題した論文で学位を取得し，コンピュータを使ったゼータ関数の研究で有名になりましたが，その頃シッファーのセミナーには一人の日本人も出席していました．その人の名は吹田信之(1933-2002)，気鋭の若手研究者でした．吹田はヘッチェルが学位論文で部分的に解いた問題をたちどころに完全解決し，(2)をふまえた新しい等式を発見し，その結果からの類推でベルグマン核とグリーン関数の関係を表す一つの不等式を予想しました(cf. [St])．この予想は約40年にわたって吹田氏本人を含む何人もの数学者を悩ませましたが，2012年に解決されるやいなや，そこから複素解析の新生面が開けるということになりました．以下では証明などの技術的な細部にはなるべく立ち入らずにこの快挙の経緯をご紹介したいと思います(詳しくは[Oh])．

吹田の公式と予想

　1998年の秋の学会で，吹田先生は「等角不変量について」という題の講演の中で，吹田予想の背景について述べられました．そこでこの度そこからさらに遡って調べてみたところ，R. ネヴァンリンナ (1895-1980) の論文 [N] に行き着きました．一定の条件 (例えば有界性) をみたす関数に対して除去可能な特異点集合をなすものを**関数論的零集合**と言いますが，[N] はこの意味で「除去可能な境界」を持つ開リーマン面上の関数論を目指したもので，とくに平面領域のベルグマン核 K とグリーン関数 g について，$g \equiv -\infty$ ならば $K \equiv 0$ であることが示されています．領域が単連結な場合 "$g \equiv -\infty \Leftrightarrow K \equiv 0$" はリーマンの写像定理の系になりますので，一般領域上で "$K \equiv 0 \Rightarrow g \equiv -\infty$" が成立するかどうかが問題になりますが，これは L. カールソン (1928-) が解決しました (cf. [Cl])．カールソンの言い方に従えば，「$\mathbf{C}$ 内の有界閉集合 E に対し $K_{\mathbf{C} \setminus E} \not\equiv 0$ であるための必要十分条件は，E の対数容量が 0 であることである」となります．有界閉集合の対数容量の定義の述べ方は 3 通りありますが，そのうちグリーン関数を用いるものは次の通りです．

> **定義1** $\hat{\mathbf{C}} \setminus E$ のグリーン関数を g とし，$\gamma_E = \lim_{w \to \infty}(g(\infty, w) + \log|w|)$ とおくとき，e^{γ_E} を E の**対数容量** (logarithmic capacity) という．ただし $g \equiv -\infty$ のときは $\gamma_E = -\infty$，$e^{\gamma_E} = 0$ とおく．

この定義を拡げて，D が一般のリーマン面の場合に局所座標ごとに関数

$$\gamma(z) = \lim_{w \to z}(g(z,w) + \log|z-w|)$$

を考えることができます．この形にするとカールソンの結果は "$K(z,z) > 0 \Leftrightarrow e^{\gamma(z)} > 0$" と同等になります．リーマン面上では $e^{\gamma(z)}|dz|$ は曲線に沿って線積分ができる式で，これも対数容量（形式）と呼び，$c_\beta(z)|dz|$ で表します（$c \Leftarrow$ capacity, $\beta \Leftarrow$ boundary）．リーマン面上では $K(z,z)$ と $c_\beta(z)^2|dz|^2$ の比較が問題になります．また，ベルグマン核 K は 2 乗可積分な正則微分の空間の再生核なので，局所座標 z ごとに $K(z,z)$ は $k(z)|dz|^2$ ($|dz|^2 = dzd\bar{z}$) の形になりますが，以下では記号を簡単にするため便宜上 $K(z,z)$, $c_\beta(z)|dz|$ をそれぞれ $k(z)$, $c_\beta(z)$ と同一視します．単位円板 **D** 上では

$$K(z,z) = \frac{1}{\pi(1-|z|^2)^2},$$

$$\gamma(z) = \lim_{w \to z}\left\{\log\left|\frac{z-w}{1-z\bar{w}}\right| - \log|z-w|\right\}$$

$$= -\log(1-|z|^2)$$

なので $\pi K = c_\beta^2$ となります．K と c_β の関係を及川廣太郎と L. サリオ (1906-2009) は次の形で問いました (cf. [S-O])．

問題 一般のリーマン面上で $\sqrt{\pi K}$ と c_β の大小を比較せよ．

この状況で，[St] では (2) と (3) の帰結である等式

$$K(z,z) = \frac{1}{\pi}\frac{\partial^2 \gamma(z)}{\partial z \partial \bar{z}} \quad \textbf{(吹田の公式)}$$

と，円環領域 $\{z\,;r<|z|<1\}$ $(0\leq r<1)$ 上での不等式

$$\pi K(z,z) = \begin{cases} > c_\beta(z)^2 & (r>0) \\ = c_\beta(z)^2 & (r=0) \end{cases}$$

が示され，次の問いが提出されたのでした．

> **吹田予想**　任意のリーマン面 R 上で $\pi K \geq c_\beta^2$ が成立する．

吹田の公式より，不等式 $\pi K \geq c_\beta^2$ は計量 $c_\beta^2 dz d\bar{z}$ の曲率の評価という幾何学的な意味を持っていますが，その証明は古典的な補間理論を精密化する形でなされました (cf. [B], [G-Z]). 次節ではそこまでの経緯の一端をご紹介したいと思います．ここからは筆者も当事者として関わった話ですので客観性に欠ける表現が頻出しますが，その分は割り引いてお読みいただければ幸いです．

吹田予想の解決

発端は一つの補間定理でした．一般的な補間問題を $\mathbf{C}^n$ 内の領域 D 上で述べますと，閉集合 $\Gamma \subset D$ に対して制限写像 $\mathcal{O}(D) \to \mathbf{C}^\Gamma$ の像を記述せよという問題です．吹田予想に絡む補間問題は $\Gamma = D' := \{z \in D\,;\, z_n = 0\}$ のときで，次の定理が糸口になりました．

> **定理1** (cf. [Oh-T]). ある定数 C が存在し，D が擬凸で $\sup_{z \in D}|z_n| \leq 1$ のとき，D 上の任意の多重劣調和関数 φ と任意の $f \in \mathcal{O}(D')$ に対し $\tilde{f} \in \mathcal{O}(D)$ が存在して $\tilde{f}|_{D'} = f$ かつ
> $$\int_D |\tilde{f}|^2 e^{-\varphi} \leq C \int_{D'} |f|^2 e^{-\varphi}$$
> を満たす．（積分は通常の重積分）

$D = \mathbf{D}, D' = \{0\}$ の場合を考えてみればわかるように，定数 C としては π が最良（= 最小）であることが予想できますが，[Oh-T]では評価 $C \leq 1620\pi$ が示されたに止まりました．1993年，筆者がハーバード大学に滞在中のことですが，そのときしばらく研究目標にしていた定理1の改良型が得られてほっと一息ついた後，その年の卒業研究セミナーのテキストに選んだため携えていた及川先生の著書[O]を読んで気付いたことを元に計算してみると，その系として $750\pi K \geq c_\beta^2$ が示せました．これには吹田先生も喜ばれたようで「大変面白い」と褒めてくださいましたが，ベルグマン計量の完備性（第13章，第14章）を研究していたZ. ブウォツキ（Błocki, 1967- ）とW. ツヴォーネク（Zwonek, 1968- ）は特に興味を持ったようで，メイルで証明の細部の疑問点を指摘してきました．計算を詳しく書いた日本語の原稿があったのですぐにファックスでそれをそのまま送りましたが，幸い中身は通じたようです．このため筆者は2007年にクラクフ大（正式にはJagiellonian大学）で集中講義をし，彼らと研究交流をする機会を得ました．クラクフ大は地動説で有名なコペルニクスが学んだ大学ですが，再生核の理論の実質的な創始者のザレンバ（第13章）はここの教授で，そのためか筆者が使わせてもらった名誉教授のオフィスにはザレンバの肖像写真が飾られていました．古都クラクフでの10日間は貴重

な経験でしたが，このとき最も印象に残ったのは，それまでに筆者の結果を $2\pi K \geqq c_\beta^2$ にまで改良していたブウォツキが漏らした「吹田予想は私にとってほとんど悪夢です」という言葉でした．この「悪夢」には二重の意味があり，一つには吹田予想が難問であることがありますが，これを解くことにどんな価値があるのかという嫌な疑問にも，ブウォツキはしょっちゅう付きまとわれていたようです．特に新しいアイディアを持ち合わせていなかった筆者は仕方なく，それでもありったけの想いを込めて，「ベストな結果はそれ自体が貴重であり，その意味というものは後からわかるもので想像力を超えている」と言ってブウォツキ氏を励ますしかありませんでした．ちなみに筆者がブウォツキを知ったのは 1992 年，ワルシャワのバナッハ研究所で研究集会があった時で，氏はその時学位論文を準備中でした．そのテーマに関する率直な意見を述べたところ顔を赤らめて反論されましたが，その真剣な態度に非常に好感を持ちました．

　2011 年の秋，ブウォツキは日本で開かれた研究集会で一つの新しい試みを披露してくれました．それは $\pi K \geqq c_\beta^2$ を $1.954\pi K \geqq c_\beta^2$ に改良した Q.-A. グアン（関啓安），X.-Y. ジョウ（周向宇），L.-F. ジュー（朱朗峰）の仕事 [G-Z-Z] と定理 1 に別証明を与えた B.-Y. チェン（陳伯勇）[Ch] の仕事にヒントを得たもので，1.954 をさらに下げようというものでした．しかし結論は，新しい方法でも 1.954 は改良できないということでした．とはいえ，2 を 1.954 に下げた [G-Z-Z] の方法をブウォツキはこの方向でさらに改良し，ついに 2012 年の 4 月に吹田予想の解決に成功し，同時に定理 1 が $C=1$ に対して成立することも示したのです (cf, [B])．関と周もこの方向で頑張っていたようで，8 月には $\pi K = c_\beta^2$ が成立するようなリーマン面の決定を含む吹田予想の解決と，定理 1 ($C=\pi$) の様々な改良型を確立した大論文 [G-Z] を書きあげました．この結果，吹田予想

は最良定数に関する L^2 ノルム評価つきの正則関数の拡張定理の系として完全に解決されたのです．関氏は周氏のお弟子さんです．筆者は関氏とは 2014 年に北京で初めて会ったのですが，周氏とは，氏がモスクワ大（当時はソ連）で学位を取った直後の 1989 年にゲッチンゲン大（当時は西ドイツ）で知り合って以来，多くの場所で話す機会がありました．ちなみに周の先生は Q.K. ルー（陸啓銀，1927-2015）でベルグマン核の零点に関する問題で有名であり，陸の先生の L.-G. フア（華羅庚，1910-85）は，中国の現代数学の父ともいうべき伝説的な存在です．このような縁もあって定理 1 が吹田予想の解決を含む立派な完成型に導かれたことは，筆者としてはまことにありがたく感謝に堪えないところです．研究者としてこれ以上の満足があろうかというところでしたが，それから程なく起きた展開に筆者は瞠目し，のんびりしてはいられない気持ちにさせられました．かつてクラクフで口にした「想定外の意味」が予想外に早く現れ，かつあまりにも衝撃的だったからです．次章はその流れをスケッチしてみましょう．

参考文献

[B] Błocki, Z., *Suita conjecture and the Ohsawa-Takegoshi extension theorem*, Invent. Math. **193** (2013), 149-158.

[Cl] Carleson, L., *Selected problems on exceptional sets*, Van Nostrand Mathematical Studies, No. 13 D. Van Nostrand Co., Inc., Princeton, N.J.-Toronto, Ont.-London 1967.

[Ch] Chen, B.-Y., *A simple proof of the Ohsawa-Takegoshi extension theorem*, arXiv:1105.2430v1 [math.CV], 2011.

[C] Courant, R. *Dirichlet's Principle, Conformal Mapping, and Minimal Surfaces*, Appendix by M.Schiffer. Interscience Publishers, Inc., New York, N.Y., 1950.

[G-W] Greene, R. E. and Wu, H. *Gap theorems for noncompact Riemannian manifolds*, Duke Math. J. **49** (1982), 731-756.

[G-Z-Z] Guan, Q., Zhou, X and Zhu, L., *On the OhsawaTakegoshi L^2 extension theorem and the twisted BochnerKodaira identity*, C. R. Math. 349 13-14, (2011), 797-800.

[G-Z] Guan, Q. and Zhou, X., *A solution of an L^2 extension problem with an optimal estimate and applications*, Ann. of Math. (2) **181** (2015), no. 3, 1139-1208.

[K] Kähler, E., *Über eine bemerkenswerte Hermitesche Metrik*, Abhandlungen aus dem Mathematischen Seminar der Universität Hamburg 9 (1933), 173-186.

[N] Nevanlinna, R. *Quadratisch integrierbare Differentiale auf einer Riemannschen Mannigfaltigkeit*, Ann. Acad. Sci. Fennicae. Ser. A. I. Math.-Phys. 1941, (1941). no. 1, 34 pp.

[Oh-T] Ohsawa, T. and Takegoshi, K., *On the extension of L^2 holomorphic functions*, Math. Z. 195(1987), 197-204.

[Oh] 大沢健夫　L^2 上空移行の最近の様相——吹田予想の解決がもたらしたもの,「数学」(岩波書店) 掲載予定

[O] 及川廣太郎　リーマン面　共立講座現代の数学 22　共立出版 1987

[S-O] Sario, L. and Oikawa, K., *Capacity functions*, Die Grundlehren der mathematischen Wissenschaften, Band 149 Springer-Verlag New York Inc., New York 1969.

[S-vD] Schouten, J. A. and van Dantzig, D., *On projective connexions and their application to the generaleld-theory*, Ann. of Math. 34 (1933), 271-312.

[Sch-1] Schiffer, M., The kernel function of an orthonormal system, Duke Math. J. 13 (1946), 529-540.

[Sch-2] ——, *Variational methods in the theory of conformal mapping*, Proceedings of the International Congress of Mathematicians, Cambridge, Mass., 1950, vol. 2, pp. 233-240. Amer. Math. Soc., Providence, R. I., 1952.

[S-Y] Siu, Y.T. and Yau, S.-T., *Complete Kähler manifolds with nonpositive curvature of faster than quadratic decay*, Ann. of Math. **105** (1977), 225-264.

[St] Suita, N., *Capacities and kernels on Riemann surfaces*, Arch.

Rational Mech. Anal. 46 (1972), 212 - 217.

[T] Takeuchi, A., *Domaines pseudoconvexes infnis et la métrique riemannienne dans un éspace projectif*, J. Math. Soc. Japan 16 (1964), 159 - 181.

[W-1] Wirtinger, W., *Zur formalen theorie der Funktionen von mehr komplexen Veränderlichen*, Math. Ann. 97(1927), 357 - 375.

[W-2] ─── , *Über eine Minimalaufgabe im Gebiet der analytischen Funktionen*, Monatsh. Math. Phys. 29 (1932), 377 - 384.

[W-3] ─── , *Über eine Minimalaufgabe im Gebiete der analytischen Funktionen von mehreren Veränderlichen*, Monatsh. Math. Phys. 47 (1939), 426 - 431.

第 17 章

さよならは血しぶきのあとに

■ ヒマラヤの麓から

　科学界の巨星であった湯川秀樹博士の昔話をヒントに，集合論から始めて複素解析の話を続けてきましたが，リーマン面の一意化定理を過ぎたあたりから流れはポテンシャル論の展開に沿う形となり，特にベルグマン核について詳しく述べてきました（カジュダンの公式，ベルグマンの核公式，ベルグマン計量など）．その結果，読者によっては，ことによると学生時代の湯川先生でさえ，話が狭隘（きょうあい）な袋小路に迷い込んだような印象をお持ちかもしれません．その反面，筆者にとってはこれ抜きで今日の複素解析の最先端を語ることは不可能です．ベルグマン核は素粒子論とも絡み，2005年の「ベルグマン核の解析幾何とその周辺」という研究集会で参加者の一人が有名な湯川カップリングに言及していたことが懐かしく思い出されます．

　研究集会といえば，第15章はレビ問題にからめてオスロで見聞したことを記しましたが，この原稿の一部は，11月14日〜19日に北インドであった研究集会の帰途，デリー空港で書きました．研究集会があったのはアルモーラという小さな，つづら折の道なりの，しかし大学のある古い町でした．キャンパス内の広場には三つの像が並んで建っていて，ヒンズー語で書

かれた説明は全く読めないものの，一つは明らかに大学創建時の学長で一つは女神でした．同行の K. ビスバス氏に教わったところによれば，女神は学問の神様（伎芸天？）で，もう一つは実在の宗教者で社会活動で知られる人物でした（空海のような人か）．ここからはヒマラヤ山脈の西端の峰々がよく見え，日本で見るのとは違った金色の入り日を望むこともできました．帰りは 19 日の朝にホテルを出て，万重の山と千尋の谷を抜けながらの 4 時間のドライブは快適で，そこからデリーまでの空路も順調でしたが，搭乗機 (B787) のエンジン不具合のためそこからの予定が大幅に狂ってしまい，結局羽田にたどり着いたのは 21 日の 23 時少し前でした．しかし数学の話の方は予定通り，区切りのつくところまで持って行きたいと思います．

擬凸領域とシュタイン多様体

　さて，前章は吹田予想という一つの不等式が示される過程で，正則関数の拡張理論に一定の進歩があったことについて述べました．本章はそれを受けつつ，そこから生じつつある研究の最前線の動きを，幾分視野を広げながらご紹介できればと思います．そのためにまず擬凸領域について簡単にまとめておきましょう．発端は多変数の正則関数の解析接続の原理を明らかにしたハルトークスの論文[H]でした．端的には，領域

$$T := \left\{ (z, w) \in \mathbf{D}^2 ; |z| < \frac{1}{2} \text{ または } |w| > \frac{1}{2} \right\}$$

上の正則関数はすべて $\mathbf{D}^2$ 上に正則に延びるということで，その結果，$\mathbf{C}^n$ 上の領域 Ω がある正則関数の最大定義域（= 正則

領域)であるためには，Ω は T から Ω への正則写像が必ず $\mathbf{D}^2$ から Ω への正則写像に延びるという，凸性に似た一定の幾何学的条件をみたさねばならないことになります．このとき Ω は**ハルトークス擬凸**であると言います．たとえば $\mathbf{C}$ 内の領域 D に対して

$$\Omega = \{(z,w) \in D \times \mathbf{C} \,;\, |w| < e^{-\varphi(z)}\} \tag{1}$$

($\varphi: D \to [-\infty, \infty)$ は上半連続な関数)と表される場合には，Ω が正則領域であることと φ が劣調和であることが同値になります．ハルトークスはこれを証明したのですが，そのために z の関数を係数とする w のベキ級数 $\sum c_k(z) w^k$ を考察しました．劣調和関数はその過程で自然に現れます．つまり 2 変数の収束ベキ級数 $\sum c_{jk} z^j w^k$ に対し，相対的な収束半径の逆数である

$$R(z) := \limsup_{k \to \infty} \left| \sum_j c_{jk} z^j \right|^{\frac{1}{k}} \tag{2}$$

を考えた時，$\log R(z)$ を特徴づける性質が劣調和性です．(多変数複素解析は最初からポテンシャル論と相性が好い！)以後，(1)の形の領域をハルトークス領域と呼びます．

　このハルトークスの結果を一般化する形で，岡潔は $\mathbf{C}^n$ 上の領域 Ω が正則領域であることと Ω がハルトークス擬凸なことが同値であることを示しました．$\mathbf{C}^n$ 上の領域の場合，これは Ω が多重劣調和な皆既関数をもつことと同値です．グラウエルトは岡の議論を位相ベクトル空間論の視点を取り入れつつ多様体上に一般化し，n 次元複素多様体 M が強多重劣調和な皆既関数を持つことと，M が次の意味で関数論的に完備なことが同値であることを示しました．

1) 任意の $x \in M$ に対し, $\mathcal{O}(M)$ の元 $f_1, \cdots, f_n$ で $(f_1, \cdots, f_n)$ が x のまわりの局所座標になるものが存在する.

2) 集積点を持たない任意の点列 $x_\mu \in M$ ($\mu = 1, 2, \cdots$) に対し, $\mathcal{O}(M)$ の元 f で $\lim_{\mu \to \infty} |f(x_\mu)| = \infty$ をみたすものが存在する.

これらの条件をみたす多様体は前々章で述べた**シュタイン多様体**になります. 多変数複素解析の基礎理論における多くの重要な結果がシュタイン多様体上の定理として述べられ, その中でも位相的条件と解析的条件の同等性に関する**岡の原理**は有名で最近も成果が得られつつありますが (cf. [F]), シュタイン多様体の変形族については今世紀に入ってから目覚ましい展開がありました. 以下ではその一端をご紹介しましょう.

多様体のシュタイン変形族

発端は次の観察でした. ハルトークス領域
$$\Omega = \{(z, w) \in D \times \mathbf{C} ; |w|^2 < e^{-\varphi(z)}\}$$
を z に依存して変動する w 平面の円板族と見ます. $z \in D$ に対し, $\mathbf{C}$ 内の領域 $\{w ; |w|^2 < e^{-\varphi(z)}\}$ のベルグマン核を $K_z(w, \zeta) dw d\bar{\zeta}$ とすれば, 変換公式より
$$K_z(w, \zeta) = \frac{e^{-\varphi(z)}}{\pi (e^{-\varphi(z)} - \bar{\zeta} w)^2}$$
となり, 従って $\log K_z(w, w) = -\log \pi - \varphi(z) - \log(e^{-\varphi(z)} - |w|^2)^2$ ですから, $\varphi \in C^2$ として計算すれば,

$$\frac{\partial^2}{\partial w \partial \overline{z}} \log K_z(w,w) = \frac{2e^{-\varphi(z)}\frac{\partial \varphi}{\partial \overline{z}}\overline{w}}{(e^{-\varphi(z)}-|w|^2)^2},$$

$$\frac{\partial^2}{\partial z \partial \overline{z}}(-\varphi(z)-\log(e^{-\varphi(z)}-|w|^2)^2)$$

$$= -\frac{\partial^2 \varphi(z)}{\partial z \partial \overline{z}} + \frac{\partial}{\partial z}\left(\frac{2e^{-\varphi(z)}\frac{\partial \varphi}{\partial \overline{z}}}{e^{-\varphi(z)}-|w|^2}\right)$$

$$= -\frac{\partial^2 \varphi(z)}{\partial z \partial \overline{z}} + \frac{2e^{-\varphi(z)}(|\frac{\partial \varphi}{\partial \overline{z}}|^2 + \frac{\partial^2 \varphi}{\partial z \partial \overline{z}})}{e^{-\varphi(z)}-|w|^2} + \frac{2e^{-2\varphi(z)}|\frac{\partial \varphi}{\partial \overline{z}}|^2}{(e^{-\varphi(z)}-|w|^2)^2}$$

$$\frac{\partial^2}{\partial w \partial \overline{w}}(-\log(e^{-\varphi(z)}-|w|^2)^2)$$

$$= \frac{2}{e^{-\varphi(z)}-|w|^2} + \frac{2|w|^2}{(e^{-\varphi(z)}-|w|^2)^2}$$

$$= \frac{2(e^{-\varphi(z)}-|w|^2)+2|w|^2}{(e^{-\varphi(z)}-|w|^2)}$$

$$= \frac{2e^{-\varphi(z)}}{(e^{-\varphi(z)}-|w|^2)^2}$$

より，$\log K_z(w,w)$ が (z,w) に関して多重劣調和であることがわかります．別の言い方をすれば，ベルグマン核は同心円板族が擬凸(=シュタイン)なら助変数に関しても対数劣調和になります．簡単のため，$K_z(w,w)$ を $K_z(w)$ で表します．

米谷文男 (1946-) と山口博史 (1941-) はこの結果を擬凸な変動をする一般領域へと広げました．いま，2次元シュタイン多様体 S から $\mathbf{D}$ 上への正則写像 p があり，p の微分 dp は S 上いたるところ 0 でない (nowhere zero) とします．このとき $p^{-1}(z)(z \in \mathbf{D})$ はリーマン面になり，そのベルグマン核を $K_z(w,\zeta)dwd\overline{\zeta}$ と書きます (w,ζ は $p^{-1}(z)$ の局所座標)．$K_z(w,w)$ を $K_z(w)$ と短く書くことも上と同様です．

定理 1 (cf.[M-Y])．$\log K_z(w)$ は S 上で多重劣調和である．

証明はグリーン関数を用いてベルグマン核を表すシッファー

の公式 (第 16 章) を用いた緻密な計算によりますが，決して見通しの良いものではありませんでした．そこで定理 1 が高次元のシュタイン多様体へと広がるかが問題になりました．つまり，M を $n+1$ 次元シュタイン多様体，$p: M \to \mathbf{D}$ は $(dp)^{-1}(0) = \varnothing$ をみたす正則写像，$K_z(w, \zeta) dw d\bar{\zeta}$ を $p^{-1}(z)$ のベルグマン核としたとき，$\log K_z(w)$ はやはり多重劣調和になるかということです．$(w = (w_1, \cdots, w_n), \ dw = dw_1 \wedge \cdots \wedge dw_n, \text{etc.})$

筆者にとってはこれは 2003 年の暮れのことでした．というのも，山口氏はこの時奈良から名古屋を訪れて，定理 1 をセミナーで紹介してくださったからです．このようにこの問題に関しては名古屋の面々が前線に立たせてもらったわけですが，残念にも決定的な進展はスウェーデンから B. ベルントソン (1950-) によってもたらされました．詳しくは以下の通りです．

練達の解析学者たち

2005 年 5 月 23 日付けでアーカイブにアップロードされた論文 [B-1] で，定理 1 は次の形で一般化されました．

定理 2　M, p を上の通りとし，φ を M 上の多重劣調和関数とする．このとき
$$K_z^\varphi(w) dw d\bar{w} := \sup\{|f(w)|^2 dw d\bar{w};$$
$f = f(w) dw$ は $p^{-1}(z)$ 上の正則 n 形式で
$$\left| \int_M e^{-\varphi} f \wedge \bar{f} \right| = 1\}$$
に対し，$\log K_z^\varphi(w)$ は (z, w) に関して多重劣調和である．

定理2は，φ を入れて主張をウェイト付きのベルグマン核 $K_z^{\varphi}(w)$ の対数多重劣調和性へと強めています．このために問題が難しくなったように見えますが，実はその逆で，下に述べるように一挙に証明の見通しが良くなりました．

1. M はシュタインだから強多重劣調和な皆既関数を持つ．その一つを $\varPhi$ とし，
$$M_z = p^{-1}(z),$$
$$M_{c,z} = \{x \in M\,;\,\varPhi(x) < c,\,p(x) = z\}$$
とおく．

2. このとき M のシュタイン性により，任意の c に対して $c' > c$ と $\epsilon > 0$ を適当にとれば，$\{|z| < \epsilon\} \times M_{c',0}$ から M への局所同相な単射正則写像 F で，$p(F(z,w)) = z$ ($w \in M_{c',0}$) かつ $F(0,w) = w$ をみたすものが存在する．

3. すると $\bigcup_{|x|<\epsilon} M_{c,\epsilon}$ は直積 $M_{c'}^{\epsilon} := \{|z|<\epsilon\} \times M_{c',0}$ 内で $\{\varPhi < c\}$ と書けるから，$M_{c'}^{\epsilon}$ 上の任意の C^{∞} 級多重劣調和関数 φ に対して結論が正しければ，極限を取ることによって $\bigcup_{|x|<\epsilon} M_{c,\epsilon}$ 上でも正しいことが言える．実際，一旦 $M_{c'}^{\epsilon}$ 上で φ の代わりに $\varphi + A\lambda(\varPhi - c)$ ($A > 0,\,\lambda \in C^{\infty}(\mathbf{R}),\,t \leqq 0$ のとき $\lambda(t) = 0$ かつ $t > 0$ のとき $\lambda''(t) > 0$) に対して結果を適用し，$A \to \infty$ とすればよい．

4. $c \to \infty$ として求める結論が得られる．

ちなみに古い話で恐縮ですが，筆者が大学院生の頃，偏微分方程式の大家であった F. トレーブ (1930-)* の講演を聴く機会

---

* ラトガース大学名誉教授．2016年度のベルグマン賞を受賞．

があり，内容はともかく話のマクラとして発せられた

幾何学者は（複雑な）曲がった空間上で簡単な方程式を解くことを考え，解析学者は同じ問題をまっすぐな空間上の複雑な方程式に直して考える．

という名セリフに大変感心したことがあります．定理2の場合，直積領域上の話に直したためにウェイト φ の寄与の解析へと問題の重心が移動したわけですが，これは練達の解析学者の技量によると言っても良いでしょう．ちなみに，トレーブ氏は囲碁を嗜まれたので筆者も一度お相手をさせてもらいました．それから15年以上を経て1995年の11月に米国でお会いした時，この対局のことを良く覚えておられたのには驚きました．

さて，この後のベルントソンの解析の要点は以下の通りです．

1. （どうせ極限を取るので）φ は C^∞ 級かつ有界であるとしてよい．

2. （議論は同様なので）M_0 は $\mathbf{C}^n$ の有界領域とし，$L^2(M_0)$ で M_0 上の2乗可積分関数のなすヒルベルト空間を表す．φ により $L^2(M_0)$ には助変数 z に依存する内積

$$(u,v)_{\varphi(z,\cdot)} = \int_{M_0} e^{-\varphi(z,\cdot)} u \overline{v}$$

が入っている．この内積に付随する $L^2(M_0)$ 上のノルムを $\|\cdot\|_z (=\|\cdot\|_z^\varphi)$ で表す．

3. ヒルベルト空間 $(L^2(M_0), \|\cdot\|_z)$ から閉部分空間 $(\mathcal{O}(M_0) \cap L^2(M_0), \|\cdot\|_z)$ への直交射影 P_z^φ は，ウェイトつきのベルグマン核 $K_z^\varphi(w,\zeta)$ とは関係

$$P_z^\varphi(f) = \int_{M_0} e^{-\varphi} K_z^\varphi(w,\zeta) f(\zeta)$$

で結ばれているので，$K_z^\varphi(w)$ の z についての依存性は P_z^φ のそれに帰着する．

4．一般に，「直交方向の変わり具合」はガウスの曲面論からの展開として公式が知られており，P_z^φ の場合は P.A. グリフィス (1938-) が [G] で与えた式を用いて，φ が明示的に見える形で書き下すことができる．

5．これと φ の多重劣調和性を合わせれば $\log K_z^\varphi(w)$ が z に関して劣調和であることが従い，(z,w) についての多重劣調和性はここから容易にわかる．

5 の部分で M_0 のシュタイン性が必要になりますが，その詳細はヘルマンダーの理論 [Hm] に踏み込むことになるので割愛します．

実は，冒頭で挙げた研究集会「ベルグマン核の解析幾何とその周辺」の目玉は山口氏とベルントソン氏の講演で，それらが概ね上の内容だったというわけです．2004 年の春の学会の折，数人で集まってこの研究集会の開催計画を立ち上げた時は，恒例の「多変数複素解析葉山シンポジウム」の前座的なものに近いイメージで打ち合わせをしていたのですが，その後ベルントソン氏の仕事が現れたので一挙に盛り上がるものがありました．ところが研究集会の当日，ベルントソン氏はなかなか姿を見せません．スウェーデンの空港が濃霧に包まれたため搭乗機が欠航したのです．1 日遅れで到着したベルントソン氏に，翌朝筆者はホテルから数理解析研まで同行しましたが，到着前に基礎物理研の前で湯川博士の胸像を見，直後の Z.Lu 氏の講演 [D-L] に湯川カップリングが出てきて喜んでいた彼の姿が印象的でした．これは 2005 年の 12 月 12 日〜16 日のことでしたが，そ

の後定理2をさらに一般化した論文[B-2]が発表され，ベルントソン氏の名声は不動のものになりました．ところが意外にも，定理1と吹田予想の関係にはこの時点では誰も気付いていなかったのです．それを指摘したのはL. レンペルト (1952-) で，2014年，吹田予想が解決されてから約2年後のことでした．ちなみにベルントソンとレンペルトは筆者と年齢が近く，筆者にとっては駆け出しの頃から馴染みの深い名前です．ベルントソンの仕事はいわゆるコロナ定理

> $\mathbf{D}$ 上の有界正則関数 $f_1, \cdots f_n$ に対し $\inf_{\mathbf{D}} \sum_j |f_j| > 0$ ならば，$\mathbf{D}$ 上の有界正則関数 $g_1, \cdots, g_n$ があって $\sum_j f_j g_j = 1$ となる．

の，$n=2$ の場合には限るものの非常に見通しの良い別証[B-R]で知っていましたし，レンペルトは，有界凸領域 $D \subset \mathbf{C}^n$ 上では任意の2点 $p, q \in D$ の間の小林距離 $F_D(p,q)$ (第7章) が，$f(0)=p$ をみたすある正則写像 $f: \mathbf{D} \to D$ (**レンペルト円板**) により

$$F_D(p,q) = \frac{1}{2} \log \left| \frac{1+f^{-1}(q)}{1-f^{-1}(q)} \right|$$

と書けるという衝撃的な定理 (cf. [L]) で話題をさらって以来，常にスター的な存在でした．

新たな視点

　$\mathbf{C}$ 内の領域上のベルグマン核 $K = K(z)$ と対数容量 $c_\beta = c_\beta(z)$ の間に不等式 $\pi K \geqq c_\beta^2$ が成立することを，ブウォツキーらは精密な L^2 評価式つきの正則関数の拡張定理を確立することによって，その系として示したのですが，レンペルトはこれを定理1の系として導いたのです．その議論を有界領域の場合に限って書けば以下の通りです．（リーマン面の場合も同様．）

1. $D \subset \mathbf{C}$, D のグリーン関数を $g(z, w)$ とし，
   $\mathbf{H} = \{t \in \mathbf{C}; \operatorname{Re} t < 0\}$ とおき，$z \in D$ を固定して
   $$\tilde{D}^z = \{(t, w) \in \mathbf{H} \times D; g(z, w) < \operatorname{Re} t\}$$
   とおく．また $K_t^z(w)$ で $\{w \in D; g(z, w) < \operatorname{Re} t\}$ のベルグマン核を表す．

2. $g(z, \cdot)$ は D 上劣調和で $\operatorname{Re} t$ は $\mathbf{H}$ 上調和なので，$\tilde{D}^z$ は擬凸（= シュタイン）である．よって定理1より $\log K_t^z(w)$ は t に関して劣調和であるが，$K_t^z(w)$ は $\operatorname{Im} t$ にはよらないから，特に $\log K_t^z(w)$ が $\operatorname{Re} t$ に関して凸関数であることがわかる．

3. $g(z, w) - \log|z - w|$ は w に関して D 上調和だから，$\operatorname{Re} t \to \infty$ のとき $g(z, w) < \operatorname{Re} t$ が近似的に $|z - w| < c_\beta(z)^{-1} e^{\operatorname{Re} t}$ に等しいことに注意すれば
   $$\lim_{\operatorname{Re} t \to -\infty} \left(\log K_t^z(z) - \log\left(\frac{1}{\pi} c_\beta(z)^2 e^{-2\operatorname{Re} t}\right) \right) = 0$$
   (3)
   を得る．

4. よって $\log K_t^z(z) - \log\left(\frac{1}{\pi} c_\beta(z)^2 e^{-2\mathrm{Re}\,t}\right)$ に関し，$\mathrm{Re}\,t$ に関して凸でありしかも (3) をみたすことから単調増加性が従う．

5. ゆえに
$$\lim_{\mathrm{Re}\,t \to 0}\left(\log K_t^z(z) - \log\left(\frac{1}{\pi} c_\beta(z)^2 e^{-\mathrm{Re}\,t}\right)\right) \geqq 0.$$
従って $\pi K_D(z) = \lim_{\mathrm{Re}\,t \to 0} \pi K_t^z(z) \geqq c_\beta(z)^2$.

ベルントソンとレンペルトはさらに考察を深め，この議論と定理2の一般化を組み合わせることにより，最良 L^2 評価つきの正則関数の拡張定理が導けることを示しました (cf. [B-L])．その結果ベルグマン核の対数凸性が，古典的な補間問題における新しい原理として浮上したのです．これこそが筆者にとって最近の動きの中で最も注目すべきことでした．

最後にまた古い話になりますが，1982年に高野山の宿坊で開かれた多変数関数論サマーセミナーのことです．夕食時にそれぞれが研究への抱負を語るなどして気炎をあげる中，筆者の先輩にあたるある方が

> 数学の研究というものは，ドクドクと流れる血流の，針で突いただけで真っ赤な血しぶきがピューと吹きあげるようなところでやらないとおもしろくない

と，実にうがった意見を述べられました．それを聞いた時，自分の地味な研究など「静脈からダラダラ流れるどす黒い血のしたたり」あたりかもしれないと，内心忸怩たるものがありましたが，ベルントソンとレンペルトの快挙に触れ得た後，当時とは全く違う盛り上がりを感じます．したがって，近い将来，ここから勢い良く複素解析の新芽が顔を出すことを祈りつつ筆を擱きたいと思います．

参考文献

[B-1] Berndtsson, B., *Subharmonicity properties of the Bergman kernel and some other functions associated to pseudoconvex domains*, Ann. Inst. Fourier (Grenoble), 56 (2006), 1633 - 1662.

[B-2] ——, *Curvature of vector bundles associated to holomorphic fibrations*, Ann. of Math. 169(2009), 531 - 560.

[B-L] Berndtsson, B. and Lempert, L., *A proof of the Ohsawa-Takegoshi theorem with sharp estimates*, J. Math. Soc. Japan Volume 68, Number 4 (2016), 1461 - 1472.

[B-R] Berndtsson, B. and Ransford, T., *Analytic multifunctions, the $\bar{\partial}$-equation, and a proof of the corona theorem*, Pacic J. Math. 124 (1986), 57 - 72.

[D-L] Douglas, M. and Lu, Z., *On the geometry of moduli space of polarizaed Calabi-Yau manifolds*, Analytic geometry of the Bergman kernel and related topics, ベルグマン核の解析幾何とその周辺 RIMS 研究集会報告集 数理解析研究所講究録 1487 2006, pp. 55 - 68.

[F] Forstnerič, F., *Stein manifolds and holomorphic mappings. The homotopy principle in complex analysis*, Ergebnisse der Mathematik und ihrer Grenzgebiete. 3. Folge. A Series of Modern Surveys in Mathematics 56 Springer, Heidelberg, 2011. xii+489 pp.

[G] Griffiths, P. A., *Hermitian differential geometry, Chern classes, and positive vector bundles*, 1969 Global Analysis (Papers in Honor of K. Kodaira) pp. 185 - 251 Univ. Tokyo Press, Tokyo

[H] Hartogs, F., *Zur Theorie der analytischen Funktionen mehrerer unabhängiger Veränderlichen insbesondere über die Darstellung derselben durch Reihen, welche nach Potenzen einer Veränderlichen fortschreiten*, Math. Ann. 62 (1906), 1 - 88.

[Hm] Hörmander, L., *L^2 estimates and existence theorems for the $\bar{\partial}$ operator*, Acta Math. 113 (1965), 89 - 152.

[M-Y] Maitani, F. and Yamaguchi, H., *Variation of Bergman metrics on Riemann surfaces*, Math. Ann. 330 (2004), 477 - 489.

[L] Lempert, L., *La metrique de Kobayashi et la representation des domaines sur la boule*, Bull. Soc. Math. France **109** (1981), 427 - 474.

追記. [B-L]は 2016 年度の JMSJ 論文賞を受賞しました.
(JMSJ = Journal of Mathematical Society of Japan)

索　引

■人名

A.L.Crelle（1780-1855）　41
A.-M. ルジャンドル（1752-1833）　45
A. アインシュタイン（1879-1955）　33
A. アンドレオッティ（1924-80）　216
A. グロータンディーク（1928-2014）
　　　　　　　　　　　　　　　82
A. ゲーペル（1812-47）　54
A. フルウィッツ（1859-1919）　33
A. ブリル（1842 -1935）　119
A. ワイルズ（1953-）　163
B.-Y. チェン（陳伯勇）　232
B. ベルントソン（1950- ）　242
B. リーマン（1826 -66）　52
C.L. ジーゲル（1896 -1981）　117
C. エルミート（1822-1901）　159
C. グーデルマン（1798-1852）　49
C. ルンゲ　33
D.C. スペンサー（1912-2001）　190
D. カジュダン（1946 - ）　165
D. ヒルベルト（1862 - 1943）　100
D. ファン・ダンツィヒ（1900-59）
　　　　　　　　　　　　　　　224
D. ヘッチェル（1948-）　227
E.E. レビ（1883-1917）　208
E. ヴェゼンティーニ（1928 - ）　216
E. カルタン（1869-1951）　139
E. ガロア（1811-32）　164
E. クンマー（1810 -93）　99
E. ケーラー（1906 -2000）　223
E. シュレディンガー（1887-1961）
　　　　　　　　　　　　　　　226
E. ツェルメロ（1871 -1953）　12
F. クライン（1849-1925）　112
F. トレーブ（1930 - ）　243
F. ハルトークス　26

F. フロベニウス　33
F. ベルンシュタイン（1878-1956）　7
F. リヒェロート　42
G. アイゼンシュタイン（1823-52）　59
G. カントール（1845-1918）　3, 33
G. グリーン（1793-1841）　97
G. ファニャーノ（1682 -1766）　44
G. ミッタク・レフラー　33, 98
H.A. シュワルツ（1843-1921）　99
H. カルタン（1904 -2008）　113, 208
H. グラウエルト（1930-2011）
　　　　　　　　　　　　190, 210
H. シュペート（1885 -1945）　118
H. シュワルツ（1843-1921）　33
H. ブレメルマン（1926-96）　201
H. ベーンケ（1898-1979）　131
H. ペータース　212
H. ポアンカレ（1854 -1912）　51
H. ルベーグ（1875 -1941）　3
H. ワイル（1885 -1955）　131, 214
J.A. スカウテン（1883 -1971）　223
J.E. フォルナエス（1946 -）　205
J.-L. ラグランジュ（1736-1813）　45
J.-P. セール（1926 - ）　165
J. ハリス（1951- ）　120
J. プリュッカー（1801 -68）　48
J. ライテラー　33
J. ローゼンハイン（1816-87）　54
K. ゲーデル（1906-78）　12
K. シュタイン（1913-2000）　131
K. セイプ　38
K. ビスバス　238
K. ワイアシュトラス（1815-1897）　3
L.-F. ジュー（朱朗峰）　232
L.-G. フア（華羅庚 , 1910 -85）　233
L. オイラー（1707-83）　45

251

L. カールソン（1928-） 228
L. サリオ（1906-2009） 229
L. シュティッケルベルガー
　　　　　　　（1850-1936） 117
L. ドブランジュ（1932-） 135
L. フックス（1833-1902） 141
L. レンペルト（1952-） 246
M. シッファー（1911 -97） 225
O. タイヒミュラー（1913-43） 190
P.A. グリフィス（1938-） 245
P.G.L. ディリクレ（1805-59） 130
P. クザン（1867 -1933） 216
P. グリフィス（1938-） 120
P. ケーベ（1882-1945） 134
P. コーエン（1934- 2007） 13
P. ドルボー（1924-2015） 216
P. フェルマー（1607
　　　　　　または 1608-1665） 148
Q.-A. グアン（関啓安） 232
Q.K. ルー（陸啓鏗, 1927-2015） 233
R.E.Borcherds（ボーチャーズ） 19
R. クーラント（1888-1972） 226
R. デデキント（1831-1916） 59
R. レンメルト（1930-2016） 120
R. ワルステン 38
S.S. アビヤンカー（1930-2011） 119
S. コワレフスキー 33
S. ザレンバ（1863-1942） 179
S. ベルグマン（1895-1977） 178
X.-Y. ジョウ（周向宇） 232
W.V.D. ホッジ（1903-75） 214
W. ツヴォーネク（Zwonek, 1968- ）
　　　　　　　　　　　　231
Z.Lu 245
Z. ブウォツキ（Błocki, 1967 - ） 231
アルキメデス 221
ヴィルティンガー 226
及川廣太郎（1928-92） 60, 229

大川哲介（1951 - 2014） 13
河合良一郎 212
楠幸男 111
倉西正武（1924-） 189
グラウエルト 239
グロタンディーク 158
小平邦彦（1915-1997） 18
小林昭七（1932-2012） 186, 223
コペルニクス 42, 231
ザレンバ 231
塩田研一 165
吹田信之（1933 -2002） 227
高木貞治（1875 - 1960） 100
武内章（1934 - ） 198, 213
ツォルン（Max A.Zorn, 1906-93） 22
デカルト 120, 222
土井公二（1934- ） 165
永田雅宜（1927-2008） 206
中野茂男（1923-1998） 159
長岡半太郎（1865 -1950） 101
長沼英久（1941 -2014） 165
ハルトークス 238
藤田玲子 213
藤原松三郎（1881-1946） 100
フルヴィッツ 208
プロチノス（205 -270） 4
ボホナー（Salomon Bochner,
　　　　　　　1899-1982） 22, 178
ミッタク・レフラー（1846 -1927） 142
山口博史（1941- ） 241
湯川秀樹 2, 237
吉田正章 110
米谷文男（1946-） 241
李林学（Ree Rimhak, 1922-2005） 23
ルロン（Pierre Lelong, 1912 - 2011）
　　　　25

■ A～Z

C　16
C 上の有理型関数　46
C 上の領域　21
ε 近傍　34
Gal(K/k)　164
j 不変量　160
L^2 ノルム　37
m 位の零点（または極）　67
N, Z　5
n 次元複素多様体　65
X 上の因子　67

■ あ行

アーベル群　69
アーベルの定理　70
アトラス　65
位数　67
位相　137
位相空間　137
一意化定理　134
一次元複素多様体　60
一様離散的　39
因子　67
ウェイト $2k$ のモジュラー形式　161
ウェイト m の保型形式　146
エルミート計量　184
円弧三角形　102
円弧零角三角形　105
岡の原理　240
岡の補題　209

■ か行

皆既関数　209
開集合　17, 34, 137
解析関数　17, 20, 62

解析的　66
可算集合　7
関数要素　21
関数論的零集合　228
完全正規直交系　168
完備　185
完備距離空間　35
完備正則局所環　20
逆路　152
基底変換　165
基点　152
基本群　153
球面計量　185
強擬凸 CR 多様体　190
強多重劣調和関数　209
極　67, 80
局所座標　62
局所単連結　152
局所的に収束する　35
局所同相写像　62
距離　34
距離空間　34
擬凸　190, 208, 209
擬凸関数　26
空（くう）集合　5
区分的に滑らかな曲線　75
グリーン関数　96
ケーベの 1/4 定理　134
ケーラー計量　223
ケイリー変換　95
経路　152
決定集合　40
コーシー・グルサの積分定理　79
コーシーの積分公式　77
コーシーの積分定理　71, 76
コーシー列　34
合同部分群　161
小林擬距離　91

253

小林双曲的多様体　92
孤立点　62
弧状連結　152
コンパクト開位相　145

■さ行

再生核　26
再生公式　37
最大値の原理　89
座標近傍　65
ザリスキー位相　137
算術群　164
シグマ関数　41
自己同型群　88
自己同相群　87
自己等長同型群　87
指数　161
次数　67
志村谷山予想　163
写像　9
主因子　67
集合　4
収束円　19
収束の判定条件　71
収束半径　19
収束ベキ級数　19
収束列　35
周期行列　69
種数　68
シュタイン多様体　210, 240
シュペートの定理　119
シュワルツの鏡像原理　105
シュワルツの三角写像　102
シュワルツの補題　90
除去可能特異点　80
真性特異点　80
真部分集合　6

吹田の公式　229
吹田予想　230
正則関数　78
正則関数の最大値の原理　89
正則写像　66
正則写像の圧縮性　93
正則微分　67
正則領域　190, 208
正値総和核　84
切断線　62
層係数コホモロジー　18
双正則写像　66

■た行

対称空間　87
対数容量　26, 228
第1種フックス群　164
代数学の基本定理　71
対数容量　26
楕円関数　46
楕円積分　45
楕円モジュラー関数　109
多重円板　17
多重劣調和関数　26
多様体　18
チャート　65
超楕円積分　44
調和関数　61
直積　8
ツォルンの補題　23
等角写像　95
等角写像の基本定理　84, 95
同相　62
同相写像　62
等長写像　87

■な行

二重周期　46
濃度　7

■は行

ハルトークス擬凸　239
ピカールの大定理　81
非可算集合　8
非交和　8
非調和比　103
被覆写像　136, 138
被覆変換群　154
ヒルベルト空間　37
ファイバー束　18, 139
複素平面　16
複比　103
フックス群　146
フビニ・ストゥディ計量　186
部分集合　6
普遍被覆空間　138
普遍被覆面　135
分岐点　63
平均値の性質　83
閉集合　137
閉リーマン面　66
閉路　152
ベキ集合　10
ベルグマン核　168, 178
ベルグマン計量　184
ベルンシュタインの定理　7
ポアソン核　84
ポアソン積分　86
ポアンカレ級数　147
ポアソンの公式　83
ポアンカレ計量　92
補間集合　40
保型関数　147

ホッジ計量　224
ホモトピー同値　153

■ま行

無限集合　5
メビウス変換　103
モジュラー群　160

■や行

ヤコービの逆問題　44
有界閉区間のコンパクト性　71
有限集合　5
有理型関数　80
湯川カップリング　237

■ら行

ラグランジュの公式　41
ラグランジュの補間公式　36
リーマン球面　66
リーマンの写像定理　95
リーマンの分解定理　70
リーマン面　60, 66
離散群　146
離散集合　62
留数　48, 81
留数定理　81
領域　17
零点　67
劣調和関数　26, 239
レビ問題　190, 213
レベルNの主合同部分群　160
レベルNの楕円モジュラー関数　160
レベルNのモジュラー曲線　162
連結　62, 138, 152
連結成分　62

255

連接層の理論 122
連続 34, 137
レンペルト円板 246

■わ行
ワイアシュトラスの乗積定理 35
ワイアシュトラスの ℘ (ペー) 関数 46
ワイアシュトラスの予備定理 111
ワイアシュトラスの割算定理 119

著者紹介：

大沢健夫（おおさわ・たけお）

1951年　富山県で生まれる
1978年　京都大学理学研究科博士課程前期修了
1981年　理学博士
1978年より1991年まで　京都大学数理解析研究所助手，講師，助教授をへて1991年より1996年まで名古屋大学理学部教授
1996年からは名古屋大学多元数理科学研究科教授
現在　名古屋大学名誉教授
専門分野は多変数複素解析
趣味は囲碁（七段格）

著　書：『多変数複素解析』（岩波書店）
　　　　『複素解析幾何とディーバー方程式』（培風館）
　　　　『寄り道の多い数学』（岩波書店）
　　　　『双書・大数学者の数学　岡潔／多変数関数論の建設』（現代数学社）

現代複素解析への道標 ──レジェンドたちの射程

2017年11月20日　初　版1刷発行
2020年4月15日　第2版1刷発行

検印省略

ⓒ Takeo Ohsawa, 2017
Printed in Japan

著　者　大沢健夫
発行者　富田　淳
発行所　株式会社　現代数学社
〒606-8425 京都市左京区鹿ヶ谷西寺ノ前町1
TEL 075 (751) 0727　FAX 075 (744) 0906
https://www.gensu.co.jp/

印刷・製本　為國印刷株式会社

ISBN 978-4-7687-0480-6

落丁・乱丁はお取替え致します．

● 落丁・乱丁は送料小社負担でお取替え致します．
● 本書のコピー，スキャン，デジタル化等の無断複製は著作権法上での例外を除き禁じられています．本書を代行業者等の第三者に依頼してスキャンやデジタル化することは，たとえ個人や家庭内での利用であっても一切認められておりません．